ANÁLISIS MATEMÁTICO IV

ÁLGEBRA MATRICIAL
MÉTODOS DE INTEGRACIÓN
ECUACIONES DIFERENCIALES

ANÁLISIS MATEMÁTICO IV

ÁLGEBRA MATRICIAL
ECUACIONES DIFERENCIALES
Christiaan Ketelaar

MÉTODOS DE INTEGRACIÓN
José Luis Cofiño

Universidad Francisco Marroquín

Editorial ARJE

Análisis Matemático IV. Álgebra Matricial y Métodos de Integración.
© Christiaan Ketelaar Editorial Arje
1603 Capitol Ave
Cheyenne, Wyoming, 82001, USA
http://editorialarje.com
Email: cfketelaar@ufm.edu
ISBN-13: 978-1-7335483-3-5
ISBN-10: 1-7335483-3-5
Diagramación y Diseño de la portada: Juan Pablo Estrada, DISMA

Contenido

1. Matrices [2] (6.1)   9

2. Suma de matrices y multiplicación por un escalar [2] (6.2)   15

3. Multiplicación de Matrices [2] (6.3)   19

4. Sistemas de Ecuaciones Lineales [2] (6.4)   27

5. Soluciones Paramétricas [2] (6.5)   35

6. Inversa de una matriz [2] (6.6)   41

7. Determinantes [2] (6.7)   47

8. Regla de Cramer [2] (6.8)   53

9. Desigualdades Lineales con 2 variables [2] (7.1)   57

10. Programación Lineal [2] (7.2)   61

11. Recta de Mejor Ajuste [3] (7.3)   67

12. Ajuste de Curvas [3] (7.4)   73

13. Funciones Trigonométricas [1] (1)   77

14. Derivadas de Funciones Trigonométricas [1] (3)   83

15. Integrales de Funciones Trigonométricas [1] (3)   87

16. Integración de potencias impares de seno y coseno [1] (5)   89

17. Integración de potencias pares de seno y coseno [1] (6)   91

18. Integración de potencias de secante y tangente [5] (7.2)   93

19. Sustitución Trigonométrica [1] (10)   95

20. Integración por partes [1] (8)   103

21. Integración de Funciones Racionales [1] (12)   107

22. Ecuaciones Diferenciales Separables [2] (15.5)   117

23. Aplicaciones de las Ecuaciones Diferenciales [2] (15.6)   121

24. Ecuaciones Diferenciales Exactas [4] (2.4)   127

25. Ecuaciones Diferenciales Lineales [4] (2.5)   133

26. Ecuaciones Diferenciales Homogéneas [4] (2.3)   137

A. Apéndice: Reglas Básicas de Derivación   141

B. Apéndice: Reglas Básicas de Integración   143

C. Apéndice: Resumen de las Técnicas de Integración   145

D. Funciones Trigonométricas Inversas   147

1. Matrices [2] (6.1)

Una **matriz** A es un arreglo rectangular de números con m renglones y n entradas.

La entrada de la matriz en el renglón i y en la columna j se denota como A_{ij}.

El primer subíndice especifica el renglón i y el segundo la columna j en que aparece la entrada.

Notación:

- La matrices usualmente se denotan con letras mayúsculas, como A y B.

- El tamaño de una matriz se denota como $m \times n$.

- Se usa la notación de subíndice doble A_{ij} para referirse a la entrada de una matriz.

- Una matriz también se puede denotar como $[A_{ij}]_{m \times n}$ ó como $[A_{ij}]$.

Ejemplos de matrices

1. $A = \begin{bmatrix} -2 & 4 & 1 & 0 \\ -3 & 0 & 3 & 0 \end{bmatrix}$ es una matriz 2×4

   $A_{21} = -3$ y $A_{14} = 0$, pero las las entradas a_{31} y a_{52} no existen.

2. $A = \begin{bmatrix} A_{11} & A_{12} & A_{13} & A_{14} \\ A_{21} & A_{22} & A_{23} & A_{24} \end{bmatrix}$ es una matriz 2×4.

3. $B = \begin{bmatrix} 2 & 5 & 2 \\ 1 & 0 & 2 \\ 0 & 3 & 0 \\ 1 & 1 & 2 \end{bmatrix}$ es una matriz 4×3.

4. La siguiente tabla muestra el número de carros que hay para cada color y modelo.

Modeloo	Color Blanco	Azul	Negro	Crio
Versa	21	28	14	13
Sentra	10	12	8	10
Almera	3	2	4	5

Esta tabla se puede representar de manera más sencilla mediante la siguiente matriz

$$A = \begin{bmatrix} 21 & 28 & 14 & 13 \\ 10 & 12 & 8 & 10 \\ 3 & 2 & 4 & 5 \end{bmatrix}$$

Una matriz que tiene exactamente un renglón $1 \times n$ se conoce como **vector renglón**.

$$b = \begin{bmatrix} 1 & -1 & -2 & 2 & 3 & -3 \end{bmatrix}$$

Una matriz que tiene exactamente una columna $m \times 1$ se conoce como **vector columna**.

$$D = \begin{bmatrix} 3 \\ 2 \\ 4 \\ 8 \end{bmatrix}$$

Una matriz 1×1 es una **matriz escalar** $A = \begin{bmatrix} A_{11} \end{bmatrix}$ y usualmente se trata como un número.

Ejercicio 1: Encuentre el tamaño de las siguientes matrices.
Explique si la matriz es un vector columna, renglón, o ninguno.

a. $A = \begin{bmatrix} 2 & 0 & 1 \end{bmatrix}$ es 1×3 y es un vector renglón

b. $B = \begin{bmatrix} 2 & 3 \\ 4 & 5 \\ 8 & 2 \end{bmatrix}$ es 3×2 y ni es un vector renglón ni un vector columna

c. $C = \begin{bmatrix} \log(8) \end{bmatrix}$ es 1×1 y es un vector renglón y un vector columna

d. $D = \begin{bmatrix} 2 & 4 & 8 & 6 & 3 \\ 1 & 3 & 4 & 5 & 3 \\ 2 & 4 & 8 & 2 & 1 \end{bmatrix}$ es 3×5 y ni es un vector renglón ni un vector columna

Ejercicio 2: Construya las siguientes matrices.

a. $A = [A_{ij}]_{2 \times 3}$ y $A_{ij} = -i + 2j$

$$A = \begin{bmatrix} -1+2 & -1+4 & -1+6 \\ -2+2 & -2+4 & -2+6 \end{bmatrix} = \begin{bmatrix} 1 & 3 & 5 \\ 0 & 2 & 4 \end{bmatrix}$$

b. $B = [B_{ij}]_{3 \times 3}$ y $B_{ij} = \begin{cases} i & si & i < j \\ 1 & si & i = j \\ 0 & si & i > j \end{cases}$

$$B = \begin{bmatrix} 1 & 1 & 1 \\ 0 & 1 & 2 \\ 0 & 0 & 1 \end{bmatrix}$$

Igualdad de Matrices

> Dos matrices A y B son iguales si y sólo si
>
> I. tienen el mismo tamaño.
>
> II. Las entradas correspondientes son iguales $A_{ij} = B_{ij}$ para cada i y cada j.

Las siguientes matrices no son iguales.

- $\begin{bmatrix} 2 & 3 \end{bmatrix}$ y $\begin{bmatrix} 2 \\ 3 \end{bmatrix}$ tienen diferente tamaño

- $\begin{bmatrix} 2 & 3 \end{bmatrix}$ y $\begin{bmatrix} 3 & 2 \end{bmatrix}$ las entradas correspondientes son diferentes.

Al igualar las siguientes matrices:

$$\begin{bmatrix} w & x+1 \\ 2y & 5z \end{bmatrix} = \begin{bmatrix} 8 & 7 \\ 6 & 10 \end{bmatrix}$$

Se obtiene el siguiente sistema de ecuaciones:

$$
\begin{aligned}
w &= 8 \\
x + 1 &= 7 \\
2y &= 6 \\
5z &= 10
\end{aligned}
\qquad \Rightarrow \qquad
\begin{aligned}
w &= 8 \\
x &= 6 \\
y &= 3 \\
z &= 2
\end{aligned}
$$

Ejercicio 3: *Resuelva la ecuación matricial* $\begin{bmatrix} 2a & 3b & 4c \\ 0 & 1 & 0 \\ 5d & 6e & 7f \end{bmatrix} = \begin{bmatrix} 8 & 9 & 8 \\ 0 & 1 & 0 \\ 25 & 36 & 49 \end{bmatrix}$

Las entradas de cada matriz en el segundo renglón son iguales, para que sean iguales en el primer y el tercer renglón, se debe resolver el siguiente sistema de ecuaciones.

$$
\begin{aligned}
2a &= 8 \\
3b &= 9 \\
4c &= 8 \\
5d &= 25 \\
6e &= 36 \\
7f &= 49
\end{aligned}
\qquad \Rightarrow \qquad
\begin{aligned}
a &= 4 \\
b &= 3 \\
c &= 2 \\
d &= 5 \\
e &= 6 \\
f &= 7
\end{aligned}
$$

12

Transpuesta de una matriz

La transpuesta intercambia los renglones y las columnas de una matriz A.

> La **transpuesta** de una matriz A $m \times n$, denotada como A^T, es la matriz $n \times m$ obtenida al intercambiar cada renglón y columna de la matriz A.
>
> $$(A^T)_{ij} = A_{ji} \qquad \text{para cada } i \,\&\, j$$

Por ejemplo, la transpuesta de la matriz $A_{3 \times 2}$ es la matriz $A_{2 \times 3}^T$.

$$A = \begin{bmatrix} 2 & 1 & 0 \\ 0 & 1 & 3 \end{bmatrix}, \qquad A^T = \begin{bmatrix} 2 & 0 \\ 1 & 1 \\ 0 & 3 \end{bmatrix}$$

La transpuesta cambia a un vector renglón en un vector columna y viceversa.

$$u = \begin{bmatrix} 1 & 2 & 4 \end{bmatrix}, \qquad u^T = \begin{bmatrix} 1 \\ 2 \\ 4 \end{bmatrix}, \qquad w = \begin{bmatrix} 1 \\ -3 \\ 9 \end{bmatrix}, \qquad w^T = \begin{bmatrix} 1 & -3 & 9 \end{bmatrix}$$

Propiedad de la Transpuesta

Si se toma la transpuesta de A^T se obtiene la matriz original A: $\qquad (A^T)^T = A$.

Matriz Simétrica

Una matriz **simétrica** es igual a su transpuesta, es decir $\qquad A^T = A$.

Ejercicio 4: Determine si las siguientes matrices son simétricas.

a. $A = \begin{bmatrix} \mathbf{2} & -1 & 2 \\ -1 & \mathbf{-4} & -3 \\ 2 & -3 & \mathbf{8} \end{bmatrix}$, $\qquad A^T = \begin{bmatrix} 2 & -1 & 2 \\ -1 & -4 & -3 \\ 2 & -3 & 8 \end{bmatrix} = A \qquad A$ es simétrica.

b. $B = \begin{bmatrix} \mathbf{2} & -4 & 2 \\ 1 & \mathbf{-4} & 5 \\ 8 & -3 & \mathbf{8} \end{bmatrix}$, $\qquad B^T = \begin{bmatrix} 2 & 1 & 8 \\ -4 & -4 & -3 \\ 2 & 5 & 8 \end{bmatrix} \neq B \qquad B$ NO es simétrica.

> La matriz cero, denotada por $\mathbf{O}_{m \times n}$, tiene todas sus entradas iguales a cero.
>
> *Por ejemplo,* la matriz cero 3×5 es igual a:
>
> $$\mathbf{O}_{3 \times 5} = \begin{bmatrix} 0 & 0 & 0 & 0 & 0 \\ 0 & 0 & 0 & 0 & 0 \\ 0 & 0 & 0 & 0 & 0 \end{bmatrix}$$

Matrices Especiales

> Una matriz **cuadrada** tiene el mismo número de columnas que de renglones.
> Una matriz **cuadrada de orden n** tiene n columnas y renglones.

A y B son matrices cuadradas, pero C, D y E no son matrices cuadradas.

$$A = \begin{bmatrix} 2 & 4 & 8 \\ 1 & 2 & 3 \\ 3 & 0 & 2 \end{bmatrix}, \quad B = \begin{bmatrix} 2 & 4 \\ 1 & 2 \end{bmatrix}, \quad C = \begin{bmatrix} 1 & 4 & 8 \end{bmatrix}, \quad D = \begin{bmatrix} 1 & 4 \\ 2 & 5 \\ 3 & 6 \end{bmatrix}, \quad E = \begin{bmatrix} 0 & 0 & 0 & 0 \\ 0 & 0 & 0 & 0 \end{bmatrix}$$

> La **diagonal principal** de una matriz se extiende desde la esquina superior izquierda hasta la esquina inferior derecha.

Las entradas $A_{11} = 4$, $A_{22} = 2$, $A_{33} = 6$, y $A_{44} = 1$ están en la diagonal principal de A.

$$A = \begin{bmatrix} 4 & 4 & 8 & 2 \\ 1 & 2 & 3 & 4 \\ 2 & 4 & 6 & 4 \\ 4 & 3 & 2 & 1 \end{bmatrix}$$

> Una matriz cuadrada A se denomina **matriz diagonal** si todas las entradas que se encuentran fuera de la diagonal principal son cero.
>
> $$A_{ij} = 0, \qquad \text{para } i \neq j$$

Las siguientes matrices son diagonales.

$$\begin{bmatrix} 2 & 0 & 0 \\ 0 & 4 & 0 \\ 0 & 0 & 8 \end{bmatrix}, \qquad \begin{bmatrix} 1 & 0 \\ 0 & 2 \end{bmatrix}$$

Matrices Triangulares

> En un matriz **triangular superior** todas las entradas que están debajo de la diagonal principal son iguales a cero.
>
> En un matriz **triangular inferior** todas las entradas que están encima de la diagonal principal son iguales a cero.

La matriz A es triangular superior, B es triangular inferior, y la matriz diagonal C es triangular superior y triangular inferior.

$$A = \begin{bmatrix} 1 & 2 & 3 \\ 0 & 4 & 5 \\ 0 & 0 & 6 \end{bmatrix}, \qquad B = \begin{bmatrix} 1 & 0 & 0 \\ 2 & 3 & 0 \\ 4 & 5 & 6 \end{bmatrix}, \qquad C = \begin{bmatrix} 1 & 0 & 0 \\ 0 & 4 & 0 \\ 0 & 0 & 6 \end{bmatrix}$$

Ejercicios de Práctica

1. Considere las siguientes matrices:

$$A = \begin{bmatrix} 2 & -1 \\ 1 & -3 \end{bmatrix}, \qquad B = \begin{bmatrix} 2 & -1 \\ 1 & -3 \\ 1 & 0 \end{bmatrix}, \qquad C = \begin{bmatrix} 2 & -1 & 0 \\ 0 & 1 & -3 \end{bmatrix}, \qquad D = \begin{bmatrix} 1 & 0 & 0 \\ 0 & 0 & 0 \\ 0 & 0 & 3 \end{bmatrix}$$

$$E = \begin{bmatrix} -1 & 3 \\ 0 & 0 \end{bmatrix}, \qquad F = \begin{bmatrix} 3 \\ 5 \end{bmatrix}, \qquad G = \begin{bmatrix} 5 & 3 & 7 & 5 \end{bmatrix}, \qquad H = \begin{bmatrix} e^3 \end{bmatrix}$$

   a) Encuentre el tamaño de la matriz.

   b) ¿Cuáles matrices son cuadradas?

   c) ¿Cuáles matrices son triangulares?

   d) ¿Cuáles matrices son vectores columna o renglón?

   e) ¿Cuáles matrices son diagonales?

2. Encuentre una matriz $A_{4\times 4}$ que satisfaga la condición dada.

   a) $a_{ij} = (-1)^{2i+j}$

   b) $a_{ij} = 4j - 2i$

   c) $a_{ij} = (2i-1)^j$

   d) $a_{ij} = \begin{cases} 2 & si \quad i > j \\ i & si \quad i = j \\ 0 & si \quad i < j \end{cases}$

3. Resuelva las siguientes ecuaciones matriciales.
   Es posible que alguna de ellas no tenga solución.

   a) $\begin{bmatrix} 2w & 2 & 8x \\ 3y & 4 & 6z \\ 0 & 0 & 0 \end{bmatrix} = \begin{bmatrix} 8 & 2 & 8 \\ 9 & 4 & 0 \\ 2 & 2 & 2 \end{bmatrix}$

   b) $\begin{bmatrix} 4 & 8 \\ x+3 & 2y+4 \\ 3z-3 & 8 \end{bmatrix} = \begin{bmatrix} 4 & 8 \\ 8 & 8 \\ 9 & 8 \end{bmatrix}$

4. Determine si las siguientes matrices son simétricas.

   a) $I_4 = \begin{bmatrix} 1 & 0 & 0 & 0 \\ 0 & 1 & 0 & 0 \\ 0 & 0 & 1 & 0 \\ 0 & 0 & 0 & 1 \end{bmatrix}$

   b) $B = \begin{bmatrix} 1 & 2 & 3 \\ 2 & 1 & 4 \\ 3 & 4 & 3 \\ 3 & 3 & 4 \end{bmatrix}$

2. Suma de matrices y multiplicación por un escalar [2] (6.2)

Suma de Matrices

Esta operación se realiza entrada por entrada para cada matriz.

Suma de Matrices

Sean $A = [A_{ij}]$ y $B = [B_{ij}]$ dos matrices, la suma de matrices $A + B$ es:

$$A + B = [A_{ij} + B_{ij}]$$

Si las matrices tienen tamaños diferentes, entonces $A + B$ no está definida.

Ejercicio 1: Considere las siguientes matrices.

$$A = \begin{bmatrix} 3 & 0 \\ 2 & -1 \end{bmatrix} \qquad B = \begin{bmatrix} 1 & 2 \\ 4 & 1 \\ 2 & 7 \end{bmatrix} \qquad C = \begin{bmatrix} 5 & 2 \\ 4 & 5 \end{bmatrix} \qquad D = \begin{bmatrix} 1 \\ 2 \end{bmatrix} \qquad E = \begin{bmatrix} -1 \\ -3 \end{bmatrix}$$

Efectúe las operaciones indicadas (si es posible).

a. $A + B$ no está definida porque las matrices tienen diferentes tamaños.

b. $A + C = \begin{bmatrix} 3+5 & 0+2 \\ 2+4 & -1+5 \end{bmatrix} = \begin{bmatrix} 8 & 2 \\ 6 & 4 \end{bmatrix}$

c. $D + E = \begin{bmatrix} 1 \\ 2 \end{bmatrix} + \begin{bmatrix} -1 \\ -3 \end{bmatrix} = \begin{bmatrix} 0 \\ -1 \end{bmatrix}$

d. $A^T + C^T = \begin{bmatrix} 3 & 2 \\ 0 & -1 \end{bmatrix} + \begin{bmatrix} 5 & 4 \\ 2 & 5 \end{bmatrix} = \begin{bmatrix} 8 & 6 \\ 2 & 4 \end{bmatrix}$

Propiedades de la Suma de Matrices

Si A y B tienen el mismo tamaño.

- **Conmutativa:** $A + B = B + A$

- **Asociativa:** $A + (B + C) = (A + B) + C$

- **Identidad:** $A + \mathbf{O} = A$

Multiplicación por un Escalar

Un número real también se conoce como un **escalar**. Al multiplicar cada entrada de la matriz por un número real se realiza la multiplicación por un escalar.

Multiplicación por un Escalar

Para $A = [A_{ij}]$ y k un número real, la multiplicación por un escalar kA es:

$$kA = [kA_{ij}]$$

Se obtienen dos nuevas operaciones matriciales al multiplicar por el escalar -1.

- **Negativo de una matriz:** $(-1)A = -A$

- **Diferencia de una matriz:** $A - B = [A_{ij} - B_{ij}]$

Ejercicio 2: *Dadas las siguientes matrices.*

$$A = \begin{bmatrix} 3 & 1 & 2 \\ 4 & 1 & 5 \end{bmatrix} \qquad B = \begin{bmatrix} 1 & 2 \\ 4 & 5 \\ 7 & 8 \end{bmatrix} \qquad C = \begin{bmatrix} 3 \\ 4 \end{bmatrix} \qquad D = \begin{bmatrix} 5 & 2 \end{bmatrix}$$

a. $2A + 3B$ no está definida las dos matrices tienen el mismo tamaño.

b. $2A - 3B^T = 2\begin{bmatrix} 3 & 1 & 2 \\ 4 & 1 & 5 \end{bmatrix} - 3\begin{bmatrix} 1 & 4 & 7 \\ 2 & 5 & 8 \end{bmatrix} = \begin{bmatrix} 3 & -10 & -17 \\ 2 & -13 & -14 \end{bmatrix}$

c. $5D - 2C^T = 5\begin{bmatrix} 5 & 2 \end{bmatrix} - 2\begin{bmatrix} 3 & 4 \end{bmatrix} = \begin{bmatrix} 19 & 2 \end{bmatrix}$

d. $5A + 67\mathbf{O}_{2\times 3} = 5\begin{bmatrix} 3 & 1 & 2 \\ 4 & 1 & 5 \end{bmatrix} + 67\begin{bmatrix} 0 & 0 & 0 \\ 0 & 0 & 0 \end{bmatrix} = \begin{bmatrix} 15 & 5 & 10 \\ 20 & 5 & 25 \end{bmatrix}$

Propiedades de la multiplicación por un escalar

Si A y B son dos matrices del mismo tamaño, y k, m escalares, entonces:

- $k(A + B) = kA + kB$

- $(k + m)A = kA + mA$

- $k(mA) = (km)A$

- $0A = \mathbf{O}_{m\times n}$

- $k\mathbf{O}_{m\times n} = \mathbf{O}_{m\times n}$

Ejercicio 3: *Resuelva la siguiente ecuación matricial* $5\begin{bmatrix} y_1 \\ y_2 \end{bmatrix} - 2\begin{bmatrix} 3 \\ 4 \end{bmatrix} = \begin{bmatrix} 4 \\ 7 \end{bmatrix}.$

Simplifique la expresión realizando operaciones matriciales.

$$\begin{bmatrix} 5y_1 \\ 5y_2 \end{bmatrix} + \begin{bmatrix} -6 \\ -8 \end{bmatrix} = \begin{bmatrix} 4 \\ 7 \end{bmatrix}$$

$$\begin{bmatrix} 5y_1 - 6 \\ 5y_2 - 8 \end{bmatrix} = \begin{bmatrix} 4 \\ 7 \end{bmatrix}$$

Iguale cada entrada correspondiente.

$5y_1 - 6 = 4 \qquad \Rightarrow \qquad 5y_1 = 10 \qquad \Rightarrow \qquad y_1 = 2$

$5y_2 - 8 = 7 \qquad \Rightarrow \qquad 5y_2 = 15 \qquad \Rightarrow \qquad y_2 = 3$

Ejercicio 4: *En la siguiente tabla se muestra la demanda promedio (en miles de barriles diarios) de hidrocarburos de 5 países centroamericanos (CA) en el 2015.*

País	Gasolina	Petróleo	Gas Licuado
Guatemala	34	74	8.8
El Salvador	14	45	7.7
Honduras	14	53	3.3
Nicaragua	8	30	2.7
Costa Rica	18	53	4.0

a. Encuentre la demanda total de hidrocarburos para cada país.

Suma los tres vectores columna de cada hidrocarburo

$$C_H = C_{Gas} + C_{Pet} + C_{Lic} = \begin{bmatrix} 34 \\ 14 \\ 14 \\ 8 \\ 18 \end{bmatrix} + \begin{bmatrix} 74 \\ 45 \\ 53 \\ 30 \\ 53 \end{bmatrix} + \begin{bmatrix} 8.8 \\ 7.7 \\ 3.3 \\ 2.7 \\ 4.0 \end{bmatrix} = \begin{bmatrix} 116.8 \\ 56.7 \\ 70.3 \\ 40.7 \\ 75.0 \end{bmatrix} \begin{matrix} Guatemala \\ El\,Salvador \\ Honduras \\ Nicaragua \\ Costa\,Rica \end{matrix}$$

b. Encuentre la demanda total en CA para cada tipo de hidrocarburo.

Suma los cinco vectores renglón de cada país.

$C_{CA} = \begin{bmatrix} 34 & 74 & 8.8 \end{bmatrix} + \begin{bmatrix} 14 & 45 & 7.7 \end{bmatrix} + \begin{bmatrix} 14 & 53 & 3.3 \end{bmatrix} + \begin{bmatrix} 8 & 30 & 2.7 \end{bmatrix} + \begin{bmatrix} 18 & 53 & 4.0 \end{bmatrix}$

$C_{CA} = C_G + C_E + C_H + C_N + C_C = \begin{bmatrix} 78 & 255 & 26.5 \end{bmatrix}$

Se consumen 78 mil barriles de gasolina, 255 mil de gasolina, y 26.5 de gas licuado.

c. Encuentre la demanda total en CA para los tres hidrocarburos.

Sume cada entrada del vector C_H ó del vector C_{CA}.

Sume C_H $\qquad C_T = 116.8 + 56.7 + 70.3 + 40.7 + 75.0 = 359.5$

Sume C_{CA} $\qquad C_T = 78 + 255 + 26.5 = 359.5$ mil barriles diarios

Ejercicios de Práctica

1. Considere las siguientes matrices

$$A = \begin{bmatrix} 5 & 2 & 1 \\ 0 & 2 & -1 \\ 1 & 2 & 3 \end{bmatrix}, \qquad B = \begin{bmatrix} 0 & 0 & 1 \\ 2 & 1 & -1 \\ 1 & 0 & -2 \end{bmatrix}, \qquad C = \begin{bmatrix} 0 & 1 & 2 \\ 2 & 0 & 2 \\ 1 & 0 & 0 \end{bmatrix}$$

Realice las siguientes operaciones, puede utilizar propiedades matriciales.

a. $-5A + 2C$

b. $0(90A + 80B) - 0C)$

c. $3A - (B + C)$

d. $2C^T + \mathbf{O}_{3\times3} - 3C^T$

e. $(1001 - 1000)A$

f. $(1001A - 1000A) + (999A - 1000A)$

2. Una aceitera produce baterías, bujías y filtros de aire en dos plantas. En la siguiente tabla se muestra la producción de las dos marcas para los municipios de Villa Nueva y de Villa Canales.

Villa Nueva	Planta 1	Planta 2	Villa Canales	Planta 1	Planta 2
Baterías	40	50	Baterías	20	30
Bujías	900	1000	Bujías	1000	600
Filtros	100	75	Filtros	200	325

a) Construya la matriz que represente la producción para cada municipio.

b) Encuentre la producción total alcanzada en las dos plantas para cada producto.

3. Una tienda de mascotas tiene 20 hámsters, 5 cachorros y 10 pericos en exhibición. Si el valor de un hámster es de Q50, el de un cachorro Q2,000 y el de un perico Q300, encuentre el valor total del inventario de la tienda.

4. Resuelva las siguientes ecuaciones matriciales

a. $3 \begin{bmatrix} x & y \\ 2 & 3 \end{bmatrix} + 5 \begin{bmatrix} 1 & -1 \\ 6 & 5 \end{bmatrix} = 2 \begin{bmatrix} 14 & 16 \\ u & w \end{bmatrix}$

b. $x \begin{bmatrix} 2 \\ 2 \\ 2 \end{bmatrix} + y \begin{bmatrix} 0 \\ 1 \\ 2 \end{bmatrix} + z \begin{bmatrix} 0 \\ 0 \\ 2 \end{bmatrix} = \begin{bmatrix} 10 \\ 8 \\ 4 \end{bmatrix}$

5. El precio de los principales cuatro productos de la canasta básica en Argentina está dado por el vector renglón:

$$P_{2018} = \begin{bmatrix} p_1 & p_2 & p_3 & p_4 \end{bmatrix}$$

La inflación pronosticada en Argentina para el 2019 es del 34 % anual, encuentre el vector de los nuevos precios P_{2019} en términos de los precios del año pasado. Asuma que cada uno de estos cuatro productos se incrementa en un 34 % anual.

3. Multiplicación de Matrices [2] (6.3)

En el producto matricial AB no se multiplican cada una de las entradas $AB \neq [A_{ij}B_{ij}]$.

Para entender el producto o multiplicación de matrices, es necesario conocer el concepto de producto punto entre dos vectores columna.

Producto punto entre vectores

El **producto punto** entre dos vectores columna $n \times 1$ A y B es el escalar:

$$A \cdot B = \sum_{i=1}^{n} A_i B_i$$

Observaciones:

- El producto punto no está definido si los vectores tienen diferente tamaño.

- El producto punto también se define por medio de la operación matricial $A^T B$

$$A \cdot B = A^T B = \begin{bmatrix} A_1 & A_2 & A_3 & \cdots & A_n \end{bmatrix} \begin{bmatrix} B_1 \\ B_2 \\ B_3 \\ \cdots \\ B_n \end{bmatrix} = A_1 B_1 + A_2 B_2 + \cdots + A_n B_n$$

Multiplique y sume el vector fila A^T con el vector columna B.

Ejercicio 1: Considere los siguientes vectores.

$$A = \begin{bmatrix} 2 \\ 4 \\ 5 \\ 0 \end{bmatrix} \qquad B = \begin{bmatrix} 0 \\ 1 \\ -1 \end{bmatrix} \qquad C = \begin{bmatrix} 0 \\ 4 \\ 5 \end{bmatrix} \qquad D = \begin{bmatrix} 1 \\ -1 \\ 1 \\ -1 \end{bmatrix}$$

Realice las siguientes operaciones si es posible:

a. $A \cdot B$ NO es posible, los dos vectores tienen diferente tamaño.

b. $A \cdot D = 2(1) + 4(-1) + 5(1) + 0(-1) = 2 - 4 + 5 = 3$

c. $B^T C = \begin{bmatrix} 0 & 1 & -1 \end{bmatrix} \begin{bmatrix} 0 \\ 4 \\ 5 \end{bmatrix} = 0(0) + 1(4) - 1(5) = 4 - 5 = -1$

d. $C^T D$ NO es posible, el número de columnas de C no es igual al de filas de D.

Producto entre una Matriz y un Vector Columna

En esta operación cada fila de la matriz A se multiplica y suma con el vector columna B.

Producto matriz-vector

Si A es una matriz $m \times n$ y B es un vector columna $n \times 1$, entonces

$$AB = \begin{bmatrix} \mathbf{A}_1 \cdot B \\ \mathbf{A}_2 \cdot B \\ \vdots \\ \mathbf{A}_m \cdot B \end{bmatrix}$$

es un vector columna $m \times 1$, donde $\mathbf{A}_i$ es la iésima fila de la matriz A

- El producto matriz-vector no está definido si el número de columnas de A no coincide con el número de filas de B.

- El producto matriz-vector se visualiza como el producto y suma de cada fila de A con el vector columna B.

$$AB = \begin{bmatrix} a_{11} & a_{12} & \cdots & a_{1n} \\ a_{21} & a_{22} & \cdots & a_{2n} \\ \vdots & \vdots & \vdots & \vdots \\ a_{m1} & a_{m2} & \cdots & a_{mn} \end{bmatrix} \begin{bmatrix} b_1 \\ b_2 \\ b_3 \\ \cdots \\ b_n \end{bmatrix} = \begin{bmatrix} \mathbf{A}_1 \cdot B \\ \mathbf{A}_2 \cdot B \\ \vdots \\ \mathbf{A}_m \cdot B \end{bmatrix}$$

Multiplique y sume cada fila A_i de A con el vector columna B.

Ejercicio 2: Realice los siguientes productos entre matrices y vectores (si es posible).

$$A = \begin{bmatrix} 1 & 2 & 3 \\ 0 & 1 & 0 \\ 2 & -1 & 2 \\ 0 & 0 & 2 \end{bmatrix}, \qquad B = \begin{bmatrix} 1 & 2 & 3 & 4 \\ 0 & 1 & 0 & 0 \\ -1 & 2 & -1 & 2 \end{bmatrix}, \qquad X = \begin{bmatrix} 1 \\ 2 \\ 1 \\ 0 \end{bmatrix}, \qquad Y = \begin{bmatrix} 5 \\ 1 \\ 5 \end{bmatrix}$$

a. AX NO es posible el número de columnas de A (3) no es igual al de filas de X (4).

b. $AY = \begin{bmatrix} 1 & 2 & 3 \\ 0 & 1 & 0 \\ 2 & -1 & 2 \\ 0 & 0 & 2 \end{bmatrix} \begin{bmatrix} 5 \\ 1 \\ 5 \end{bmatrix} = \begin{bmatrix} 5+2+15 \\ 0+1+0 \\ 10-1+10 \\ 0+0+10 \end{bmatrix} = \begin{bmatrix} 22 \\ 1 \\ 19 \\ 10 \end{bmatrix}$

c. $BX = \begin{bmatrix} 1 & 2 & 3 & 4 \\ 0 & 1 & 0 & 0 \\ -1 & 2 & -1 & 2 \end{bmatrix} \begin{bmatrix} 1 \\ 2 \\ 1 \\ 0 \end{bmatrix} = \begin{bmatrix} 1+4+3+0 \\ 0+2+0+0 \\ -1+4-1+0 \end{bmatrix} = \begin{bmatrix} 8 \\ 2 \\ 2 \end{bmatrix}$

d. BY NO es posible el número de columnas de B (4) no es igual al de filas de Y (3).

Producto Matricial

En la multiplicación de matrices cada entrada de la matriz AB se encuentra multiplicando y sumando cada fila de A por cada columna de B.

Producto o Multiplicación Matricial

Si A es una matriz $m \times n$ y B es una matriz $n \times r$, entonces el producto $C = AB$ es una matriz $m \times r$, cada entrada del producto C_{ij} se calcula como:

$$C_{ij} = \mathbf{A}_i \cdot \mathbf{B}_j$$

donde $\mathbf{A}_i$ es la i-ésima fila de A, y $\mathbf{B}_j$ es la j-ésima columna de B.

Observaciones:

- Para realizar el producto matricial, A y B no tienen que tener el mismo tamaño, pero el número de columnas de A debe ser el mismo que el número de filas de B.

$$A \overbrace{m \times \underbrace{nBn}_{internas}}^{externas} \times r = (AB)_{m \times r}$$

- Cada una de las entradas de AB es el producto entre la i-ésima fila de A y la j-ésima columna de B, fila $\times$ columna.

$$\begin{bmatrix} a_{11} & a_{12} & \cdots & a_{1n} \\ \vdots & \vdots & \cdots & \vdots \\ a_{i1} & a_{i2} & \cdots & a_{in} \\ \vdots & \vdots & \cdots & \vdots \\ a_{m1} & a_{m2} & \cdots & a_{mn} \end{bmatrix} \begin{bmatrix} b_{11} & \cdots & b_{ij} & \cdots & b_{1r} \\ b_{21} & \cdots & b_{2j} & \cdots & b_{2r} \\ \vdots & \vdots & \cdots & \vdots \\ b_{n1} & \cdots & b_{nj} & \cdots & b_{nr} \end{bmatrix}$$

- El valor de cada entrada se puede calcular con la sumatoria: $C_{ij} = \displaystyle\sum_{k=1}^{n} a_{ik}b_{kj}$.

Ejercicio 3: Realice los productos matriciales AB y BA entre las siguientes matrices.

$$A = \begin{bmatrix} 1 & 3 & 4 \\ 2 & 5 & 6 \end{bmatrix} \qquad B = \begin{bmatrix} 1 & -2 \\ -1 & 2 \\ 1 & -2 \end{bmatrix}$$

$$AB = \begin{bmatrix} 1 - 3 + 4 & -2 + 6 - 8 \\ 2 - 5 + 6 & -4 + 10 - 12 \end{bmatrix} = \begin{bmatrix} 2 & -4 \\ 3 & -6 \end{bmatrix}$$

El producto $B_{3 \times 2} A_{2 \times 3}$ también se puede realizar y resulta en una matriz 3×3.

$$BA = \begin{bmatrix} +1 - 4 & +3 - 10 & +4 - 12 \\ -1 + 4 & -3 + 10 & -4 + 12 \\ +1 - 4 & +3 - 10 & +4 - 12 \end{bmatrix} = \begin{bmatrix} -3 & -7 & -8 \\ 3 & 7 & 8 \\ -3 & -7 & -8 \end{bmatrix}$$

En general, el producto matricial no es conmutativo: $AB \neq BA$.

Como las dimensiones internas y externas de un par de matrices no siempre coinciden, muchas veces se puede realizar sólo uno de los productos, AB ó BA.

Ejercicio 4 (Aplicación): Fiat elabora tres modelos de vehículos diferentes y los distribuye a dos países diferentes. El número de unidades de cada modelo que se envía a cada país está dado por:

$$A = \begin{bmatrix} \text{País 1} & \text{País 2} \\ 200 & 100 \\ 150 & 100 \\ 100 & 150 \end{bmatrix} \begin{matrix} \\ \text{Modelo 1} \\ \text{Modelo 2} \\ \text{Modelo 3} \end{matrix}$$

donde A_{ij} es el número de unidades del modelo i enviado al país j.

El costo de enviar cada modelo a cada diferente país en camión o ferrocarril es:

$$B = \begin{bmatrix} \text{Modelo 1} & \text{Modelo 2} & \text{Modelo 3} \\ 20 & 20 & 30 \\ 10 & 10 & 20 \end{bmatrix} \begin{matrix} \\ \text{Camión} \\ \text{Ferrocarril} \end{matrix}$$

donde B_{ij} es el costo de enviar en camión $i = 1$ o en ferrocarril $i = 2$ el modelo j.

Encuentre el costo de envío de los tres tipos a cada país para cada medio de transporte.

Multiplique la matriz de costos de envío B por la matriz con el número de modelos que se distribuyen A para obtener una matriz 2×2.

$$C = B_{2 \times 3} A_{3 \times 2} = \begin{bmatrix} 20 & 20 & 30 \\ 10 & 10 & 20 \end{bmatrix} \begin{bmatrix} 200 & 100 \\ 150 & 100 \\ 100 & 150 \end{bmatrix} = \begin{bmatrix} \text{País 1} & \text{País 2} \\ 10,000 & 8,500 \\ 5,500 & 5,000 \end{bmatrix} \begin{matrix} \\ \text{Camión} \\ \text{Ferrocarril} \end{matrix}$$

Cada renglón de la matriz de costos para enviar los vehículos se interpreta como:

- El costo de enviarlos por camión al país 1 es de \$ 10,000 y al país 2 es de \$ 8,500.

- El costo de enviarlos por tren al país 1 es de \$ 5,500 y al país 2 es de \$ 5,000.

Matriz Identidad

La matriz identidad, denotada como I_n, es la matriz diagonal $n \times n$ cuyas entradas en la diagonal principal son números 1. Por ejemplo,

$$I_3 = \begin{bmatrix} 1 & 0 & 0 \\ 0 & 1 & 0 \\ 0 & 0 & 1 \end{bmatrix} \qquad I_4 = \begin{bmatrix} 1 & 0 & 0 & 0 \\ 0 & 1 & 0 & 0 \\ 0 & 0 & 1 & 0 \\ 0 & 0 & 0 & 1 \end{bmatrix}$$

Ejercicio 5: Considere las siguientes matrices

$$A = \begin{bmatrix} 4 & 5 \\ 3 & 4 \end{bmatrix}, \qquad\qquad B = \begin{bmatrix} 4 & -5 \\ -3 & 4 \end{bmatrix}$$

Efectúe las siguientes operaciones (si es posible)

a. $I_2 - B = \begin{bmatrix} 1 & 0 \\ 0 & 1 \end{bmatrix} - \begin{bmatrix} 4 & -5 \\ -3 & 4 \end{bmatrix} = \begin{bmatrix} -3 & 5 \\ 3 & -3 \end{bmatrix}$

b. $2(A - 4I_2) = 2\left(\begin{bmatrix} 4 & 5 \\ 3 & 4 \end{bmatrix} - \begin{bmatrix} 4 & 0 \\ 0 & 4 \end{bmatrix} \right) = 2 \begin{bmatrix} 0 & 5 \\ 3 & 0 \end{bmatrix} = \begin{bmatrix} 0 & 10 \\ 6 & 0 \end{bmatrix}$

c. $A\mathbf{O}_{2\times 2} = \begin{bmatrix} 4 & 5 \\ 3 & 4 \end{bmatrix} \begin{bmatrix} 0 & 0 \\ 0 & 0 \end{bmatrix} = \begin{bmatrix} 0 & 0 \\ 0 & 0 \end{bmatrix}$

d. $AB = \begin{bmatrix} 4 & 5 \\ 3 & 4 \end{bmatrix} \begin{bmatrix} 4 & -5 \\ -3 & 4 \end{bmatrix} = \begin{bmatrix} 1 & 0 \\ 0 & 1 \end{bmatrix} = I_2$

Propiedades de la multiplicación de matrices

a. *Asociativa:* $A(BC) = (AB)C.$

b. *Distributiva:* $A(B + C) = AB + AC$

c. *Distributiva:* $(A + B)C = AC + BC$

d. *Distribución Escalar:* $k(AB) = (kA)B$

e. $AI = A = IA$

f. $A\mathbf{O}_{n\times p} = \mathbf{O}_{m\times p}$

g. $(AB)^T = B^T A^T$

Siempre que las dimensiones internas de cada producto sean iguales y las matrices que se suman tengan el mismo tamaño.

Ejercicio 6: Compruebe que $(AB)^T = B^T A^T$ para las siguientes matrices.

$$A = \begin{bmatrix} 2 & 1 & 4 \end{bmatrix} \qquad\qquad B = \begin{bmatrix} ? & 1 \\ 1 & 0 \\ 0 & 1 \end{bmatrix}$$

$$(AB)^T = \left(\begin{bmatrix} 2 & 1 & 4 \end{bmatrix} \begin{bmatrix} 2 & 1 \\ 1 & 0 \\ 0 & 1 \end{bmatrix} \right)^T \left(\begin{bmatrix} 5 & 6 \end{bmatrix} \right)^T = \begin{bmatrix} 5 \\ 6 \end{bmatrix}$$

$$B^T A^T = \begin{bmatrix} 2 & 1 & 0 \\ 1 & 0 & 1 \end{bmatrix} \begin{bmatrix} 2 \\ 1 \\ 4 \end{bmatrix} = \begin{bmatrix} 5 \\ 6 \end{bmatrix}$$

Potencia de una matriz

Si A es un matriz cuadrada $n \times n$, el producto AA, denotado como A^2, es una matriz $n \times n$. La potencia entera n de una matriz cuadrada son n productos de la matriz A.

Potencia de una matriz

Sea $A_{n \times n}$ una matriz cuadrada, r y s dos enteros positivos

$$A^r = \underbrace{AA \cdots A}_{r \ veces}$$

Propiedades de la potencia de una matriz

- $A^r A^s = A^{r+s}$
- $(A^r)^s = A^{rs}$

- $A^0 = I_n$

Ejercicio 6: Encuentre las potencias indicadas de la siguiente matriz.

$$A = \begin{bmatrix} 1 & -2 \\ 1 & 2 \end{bmatrix}$$

a. $A^0 = \begin{bmatrix} 1 & 0 \\ 0 & 1 \end{bmatrix}$ Sólo la matriz identidad I_2.

b. $A^2 = AA = \begin{bmatrix} 1 & -2 \\ 1 & 2 \end{bmatrix} \begin{bmatrix} 1 & -2 \\ 1 & 2 \end{bmatrix} = \begin{bmatrix} -1 & -6 \\ +3 & +2 \end{bmatrix}$

c. $A^3 = A^2 A = \begin{bmatrix} -1 & -6 \\ +3 & +2 \end{bmatrix} \begin{bmatrix} 1 & -2 \\ 1 & 2 \end{bmatrix} = \begin{bmatrix} -7 & -10 \\ +5 & -2 \end{bmatrix}$

Sistemas Lineales como un producto de matrices

Considere el sistema lineal de ecuaciones:

$$+x_1 - 2x_2 + 3x_3 = 5$$
$$-x_1 + 3x_2 + x_3 = 1$$
$$2x_1 - x_2 + 4x_3 = 14$$

El sistema se puede rescribir como un producto entre una matriz y un vector columna.

$$\underbrace{\begin{bmatrix} 1 & -2 & 3 \\ -1 & 3 & 1 \\ 2 & -1 & 4 \end{bmatrix}}_{A} \underbrace{\begin{bmatrix} x_1 \\ x_2 \\ x_3 \end{bmatrix}}_{\mathbf{x}} = \underbrace{\begin{bmatrix} 5 \\ 1 \\ 14 \end{bmatrix}}_{\mathbf{b}}$$

Cualquier sistema lineal se puede escribir como $A\mathbf{x} = \mathbf{b}$.

Ejercicios de Práctica

1. Considere las matrices:

$$A = \begin{bmatrix} 2 & -1 \\ 1 & -3 \end{bmatrix}, \qquad B = \begin{bmatrix} 2 & -1 \\ 1 & -3 \\ 1 & o \end{bmatrix}, \qquad C = \begin{bmatrix} 2 & -1 & 0 \\ 0 & 1 & -3 \end{bmatrix},$$

$$D = \begin{bmatrix} -1 & 3 \\ -2 & 0 \end{bmatrix} \qquad E = \begin{bmatrix} 3 & 5 \end{bmatrix} \qquad F = \begin{bmatrix} 5 \\ 3 \end{bmatrix}$$

Realice las operaciones indicadas (si es posible).

a) $5C^T B^T - 3(BC)^T$

b) $(A - I_{2\times 2})^2$

c) $BC - CB$

d) $E(DF)$

e) $D(FE)$

f) $A^T A - AA^T$

2. Sea $B = \begin{bmatrix} 1 & -1 \\ 1 & 1 \end{bmatrix}$, encuentre B^2, B^3, y B^4.

3. Un arquitecto canadiense tiene un proyecto donde se van a construir 50 casas prefabricadas, 20 casas en un condominio y 40 casas móviles. Las materias primas principales que se utilizan en cada tipo de casa son acero, madera, vidrio y cemento. En la siguiente tabla se muestra cuántas toneladas de materia prima se utilizan en cada tipo de casa.

Tipo Casa	Acero	Madera	Vidrio	Pintura	Cemento
Prefabricada	5	20	5	1	0
Condominio	10	15	2	3	10
Móvil	3	10	6	2	5

a) Escriba un vector renglón Q para la producción de cada tipo de casa.

b) Escriba una matriz R para el uso de materia prima para cada tipo de casa.

c) ¿Cuánto de cada materia prima QR se necesita para construir el proyecto?

d) El costo por tonelada del acero es de \$ 200, el de la madera de \$ 500, el del vidrio de \$ 2000, el de pintura de \$ 1000 y el del cemento de \$ 100. Encuentre el costo de cada tipo de casa y el costo total de la materia prima.

4. Un agente de bolsa vendió a un cliente un fondo que tiene 200 acciones de Amazon, 300 acciones de Google, 600 acciones de Microsoft y 500 acciones de Uber. Los precios de cada tipo de acción son de \$ 2,000, \$ 1,100, \$ 140, y \$ 40, respectivamente.

a) Escriba un vector renglón para el número de acciones compradas de cada tipo.

b) Escriba un vector columna que represente el precio por acción de cada tipo.

c) Encuentre el valor total del fondo usando multiplicación de matrices.

4. Sistemas de Ecuaciones Lineales [2] (6.4)

Un **sistema de ecuaciones lineales** es un conjunto finito de ecuaciones lineales, cada una con las mismas variables.

Una **solución** de un sistema de ecuaciones lineales es un "vector" que es simultáneamente una solución de cada ecuación del sistema.

Ejemplos de ecuaciones lineales:

$$x + 2y + 3z = 6, \qquad\qquad 2x + y = 8$$
$$2x + 2y + 4z = 8, \qquad\qquad 4x - y = 4$$
$$3x - y = 2$$

Una solución para el primer sistema es:

$$S = \begin{bmatrix} x \\ y \\ z \end{bmatrix} = \begin{bmatrix} 1 \\ 1 \\ 1 \end{bmatrix} \qquad \text{sustituya y compruebe} \qquad \begin{array}{l} 1 + 2 + 3 = 6 \\ 2 + 2 + 4 = 8 \end{array}$$

Una solución para el segundo sistema es:

$$S = \begin{bmatrix} x \\ y \end{bmatrix} = \begin{bmatrix} 2 \\ 4 \end{bmatrix} \qquad \text{sustituya y compruebe} \qquad \begin{array}{l} 4 + 4 = 8 \\ 8 - 4 = 4 \\ 6 - 4 = 2 \end{array}$$

El proceso de encontrar la solución de un sistema se conoce como **resolver el sistema**.

Los siguientes sistemas de ecuaciones se pueden escribir como un producto entre una matriz y un vector columna.

$$\begin{bmatrix} 1 & 2 & 3 \\ 2 & 1 & 4 \end{bmatrix} \begin{bmatrix} x \\ y \\ z \end{bmatrix} = \begin{bmatrix} 6 \\ 7 \end{bmatrix} \qquad\qquad \begin{bmatrix} 2 & 1 \\ 4 & -1 \\ 3 & -1 \end{bmatrix} \begin{bmatrix} x \\ y \end{bmatrix} = \begin{bmatrix} 8 \\ 4 \\ 2 \end{bmatrix}$$

Ambos sistemas de ecuaciones se representan por medio de la ecuación $A\mathbf{x} = \mathbf{b}$.

Este sistema se expresa de manera más abreviada usando una matriz aumentada.

Matriz de Coeficientes Aumentada

El sistema de ecuaciones lineales $A\mathbf{x} = \mathbf{b}$, tiene la **matriz aumentada** $\begin{bmatrix} A \mid b \end{bmatrix}$.

Resolución de un Sistema de Ecuaciones

Un sistema de ecuaciones se puede resolver por medio de la eliminación o la sustitución de variables. Estas operaciones se pueden realizar de manera compacta realizando las siguientes operaciones entre filas de la matriz $\begin{bmatrix} A \mid b \end{bmatrix}$:

> - Multiplique por un escalar: kR_i
>
> - Suma de Múltiplos de filas: $R_i - kR_j$
>
> - Intercambio entre filas: $R_i \longleftrightarrow R_j$
>
> R_i es la fila i y R_j es la fila j

Ejercicio 1: Resuelva los siguientes sistemas de ecuaciones. Indique si el sistema tiene solución.

a. $\begin{array}{l} x + 2y = 4 \\ x + y = 3 \end{array}$ Este sistema se puede resolver por eliminación.

$$
\begin{array}{rcl}
R_1 : & & x + 2y = 4 \\
R_2 : & & x + y = 3 \\
\hline
R_1 - R_2 : & & y = 1
\end{array}
$$

En cualquiera de las ecuaciones reemplace $y = 1$ y resuelva para $x = 4 - 2 = 2$.

La solución para este sistema de ecuaciones es única: $x = 2$, $y = 1$.

Este sistema se puede resolver de manera más abreviada utilizando la matriz aumentada del sistema:

$$
\begin{bmatrix} 1 & 2 & \mid & 4 \\ 1 & 1 & \mid & 3 \end{bmatrix} \xrightarrow[R_2 - R_1]{} \begin{bmatrix} 1 & 2 & \mid & 4 \\ 0 & -1 & \mid & -1 \end{bmatrix} \xrightarrow[-R_2]{R_1 + 2R_2} \begin{bmatrix} 1 & 0 & \mid & 2 \\ 0 & 1 & \mid & 1 \end{bmatrix}
$$

Este sistema se simplifica a $\begin{array}{l} x = 2 \\ y = 1 \end{array}$, la solución es: $\mathbf{s} = \begin{bmatrix} 2 \\ 1 \end{bmatrix}$.

b. $\begin{array}{l} x + y = 2 \\ 2x + 2y = 7 \end{array}$ Escriba la matriz aumentada del sistema y simplifíquela.

$$
\begin{bmatrix} 1 & 1 & \mid & 2 \\ 2 & 2 & \mid & 7 \end{bmatrix} \xrightarrow[R_2 - 2R_1]{} \begin{bmatrix} 1 & 1 & \mid & 2 \\ 0 & 0 & \mid & 3 \end{bmatrix} \quad \Rightarrow \quad \begin{array}{l} x + y = 2 \\ 0 = 3 \end{array}
$$

Este sistema NO tiene solución porque la última fila es inconsistente $0 \neq 3$.

c. $\begin{aligned} x + y &= 1 \\ 2x + 2y &= 2 \end{aligned}$ Escriba la matriz aumentada del sistema y simplifíquela.

$$\begin{bmatrix} 1 & 1 & | & 1 \\ 2 & 2 & | & 2 \end{bmatrix} \xrightarrow[R_2 - 2R_1]{} \begin{bmatrix} 1 & 1 & | & 1 \\ 0 & 0 & | & 0 \end{bmatrix} \Rightarrow \begin{aligned} x + y &= 1 \\ 0 &= 0 \end{aligned} \Rightarrow y = 1 - x$$

El enunciado $0 = 0$ es consistente.
Las soluciones son todos los puntos sobre la recta $y = 1 - x$.

Para escribir el vector solución, considere a $x = t$ como cualquier número real.

La solución es: $\begin{aligned} x &= t \\ y &= 1 - t \end{aligned}$

La variable $t \in \mathbb{R}$ se conoce como un **parámetro**.

En un sistema de ecuaciones lineales con coeficientes reales:

- **Caso 1:** La solución es **única** .

- **Caso 2:** La solución **no existe** .

- **Caso 3:** Hay **infinitas soluciones** .

Un sistema de ecuaciones **consistente** tiene por lo <u>menos una solución.</u>

Un sistema **inconsistente** <u>no tiene soluciones.</u>

Dos sistemas de ecuaciones son **equivalentes** si sus soluciones son iguales.

Por ejemplo, considere los siguientes dos sistemas de ecuaciones:

$$\begin{aligned} w + x - 2y - z &= -5 \\ 2w + 2x + y + 2z &= 7 \\ 2w + x + y + z &= 7 \\ 3w + x + y + z &= 8 \end{aligned} \qquad\qquad \begin{aligned} w &= 1 \\ x &= 2 \\ y &= 5 \\ z &= -2 \end{aligned}$$

Los dos sistemas tienen la misma solución $s = [1,\ 2,\ 5,\ -2]^T$, pero en el sistema de la izquierda no se puede visualizar la solución.

6.4 Método de Reducción ó Eliminación Gauss - Jordan

En este método, la matriz se reduce a un matriz equivalente más sencilla.

Un **renglón cero** es una fila de la matriz que tiene sólo ceros.

La **entrada principal** de un renglón es la primera entrada distinta de cero.

Matriz Reducida

Una matriz en **forma reducida** satisface las siguientes condiciones:

- Cualquier **renglón cero** se ubica en la parte inferior.

- Cada entrada principal es igual a 1, denotado como **" 1 principal"**.

- Cada columna que contiene un 1 principal tiene ceros en cualquier otro sitio.

- Cada entrada principal en las filas superiores está a la derecha de las entradas principales inferiores.

Una matriz reducida se puede visualizar como una matriz diagonal o en forma de escalón.

$$A = \begin{bmatrix} \mathbf{1} & 2 & 0 & 0 \\ 0 & 0 & \mathbf{1} & 0 \\ 0 & 0 & 0 & \mathbf{1} \end{bmatrix} \qquad B = \begin{bmatrix} \mathbf{1} & 0 & 0 \\ 0 & \mathbf{1} & 0 \\ 0 & 0 & \mathbf{1} \end{bmatrix} \qquad C = \begin{bmatrix} 0 & \mathbf{1} & 2 \\ 0 & 0 & 0 \\ 0 & 0 & 0 \end{bmatrix}$$

Las siguientes matrices no están en forma reducida.

$$D = \begin{bmatrix} \mathbf{1} & 2 & 2 & 0 \\ 0 & 0 & \mathbf{1} & 2 \\ 0 & 0 & 0 & \mathbf{1} \end{bmatrix} \qquad E = \begin{bmatrix} \mathbf{2} & 0 & 0 \\ 0 & \mathbf{3} & 0 \\ 0 & 0 & \mathbf{4} \end{bmatrix} \qquad F = \begin{bmatrix} 0 & 0 & 0 \\ 0 & \mathbf{1} & 0 \\ 0 & 0 & \mathbf{1} \end{bmatrix} \qquad G = \begin{bmatrix} 0 & 0 & \mathbf{2} \\ 0 & \mathbf{3} & 0 \\ \mathbf{4} & 0 & 0 \end{bmatrix}$$

La matriz D tiene dos entradas diferentes de cero encima de dos entradas principales.
La matriz E tiene entradas principales diferentes de uno.
La matriz F tiene un renglón cero en la fila superior.
La matriz G tiene entradas principales inferiores a la derecha de las superiores.

Método de Reducción ó Eliminación Gauss-Jordan

- Escriba la matriz aumentada del sistema de ecuaciones.

- Utilice operaciones elementales de renglones para obtener su forma reducida.

- Resuelva el sistema (si la solución existe).

Ejercicio 2: Resuelva el sistema de ecuaciones dado.

a.
$$2x + y = 3$$
$$4x + y = 7$$
$$2x + 5y = -1$$

$$\begin{bmatrix} 2 & 1 & | & 3 \\ 4 & 1 & | & 7 \\ 2 & 5 & | & -1 \end{bmatrix} \xrightarrow[\substack{R_2 - 2R_1 \\ R_3 - R_1}]{} \begin{bmatrix} 2 & 1 & | & 3 \\ 0 & -1 & | & 1 \\ 0 & 4 & | & -4 \end{bmatrix} \xrightarrow[\substack{R_1 + R_2 \\ R_3 + 4R_2}]{} \begin{bmatrix} 2 & 0 & | & 4 \\ 0 & -1 & | & 1 \\ 0 & 0 & | & 0 \end{bmatrix} \xrightarrow[\substack{0.5R_1 \\ -R_2}]{} \begin{bmatrix} \mathbf{1} & 0 & | & 2 \\ 0 & \mathbf{1} & | & -1 \\ 0 & 0 & | & 0 \end{bmatrix}$$

El sistema es consistente y tiene solución única $x = 2, \ y = -1$.

b.
$$2x + y = 8$$
$$4x - y = 4$$
$$3x - y = 2$$

$$\begin{bmatrix} 2 & 1 & | & 8 \\ 4 & -1 & | & 4 \\ 3 & -1 & | & 2 \end{bmatrix} \xrightarrow[\substack{R_2 - 2R_1 \\ R_3 - \frac{3}{2}R_1}]{} \begin{bmatrix} 2 & 1 & | & 8 \\ 0 & -3 & | & -12 \\ 0 & -\frac{5}{2} & | & -10 \end{bmatrix} \xrightarrow[\substack{-\frac{1}{3}R_2 \\ -\frac{2}{5}R_3}]{} \begin{bmatrix} 2 & 1 & | & 8 \\ 0 & 1 & | & 4 \\ 0 & 1 & | & 4 \end{bmatrix} \xrightarrow[\substack{R_1 - R_2 \\ R_3 - R_2}]{} \begin{bmatrix} \mathbf{2} & 0 & | & 4 \\ 0 & \mathbf{1} & | & 4 \\ 0 & 0 & | & 0 \end{bmatrix}$$

El sistema es consistente y tiene solución única $x = 2, \ y = 4$.

c.
$$x + 2y + 4z = 6$$
$$y + 4z = 4$$
$$x + 3y + 8z = 12$$

$$\begin{bmatrix} 1 & 2 & 4 & | & 8 \\ 0 & 1 & 4 & | & 4 \\ 1 & 3 & 8 & | & 12 \end{bmatrix} \xrightarrow[R_3 - R_1]{} \begin{bmatrix} 1 & 2 & 4 & | & 8 \\ 0 & 1 & 4 & | & 4 \\ 0 & 1 & 4 & | & 6 \end{bmatrix} \xrightarrow[R_3 - R_2]{} \begin{bmatrix} 1 & 2 & 4 & | & 8 \\ 0 & 1 & 4 & | & 4 \\ 0 & 0 & 0 & | & 2 \end{bmatrix}$$

El sistema es inconsistente $0 \neq 2$ y no tiene solución.

d.
$$x + 2y + 3z = 6$$
$$2x + 2y + 4z = 8$$

$$\begin{bmatrix} 1 & 2 & 3 & | & 6 \\ 2 & 2 & 4 & | & 8 \end{bmatrix} \xrightarrow[R_2 - 2R_1]{} \begin{bmatrix} 1 & 2 & 3 & | & 6 \\ 0 & -2 & -2 & | & -4 \end{bmatrix} \xrightarrow[\substack{R_1 + R_2 \\ 0.5R_2}]{} \begin{bmatrix} 1 & 0 & 1 & | & 2 \\ 0 & 1 & 1 & | & 2 \end{bmatrix} \quad \begin{aligned} x + z &= 2 \\ y + z &= 2 \end{aligned}$$

Resuelva para x & y en términos de z

$$\begin{aligned} x &= 2 - z \\ y &= 2 - z \\ z &= t \end{aligned} \qquad\qquad s = \begin{bmatrix} 2 - t \\ 2 - t \\ t \end{bmatrix}$$

Hay soluciones infinitas $z = t$ es un parámetro (cualquier número real).

32

e.
$$x + 2y - 3z = 9$$
$$2x - y + z = 0$$
$$4x - y + z = 4$$

$$\begin{bmatrix} 1 & 2 & -3 & | & 9 \\ 2 & -1 & 1 & | & 0 \\ 4 & -1 & 1 & | & 4 \end{bmatrix} \xrightarrow[\substack{R_2 - 2R_1 \\ R_3 - 4R_1}]{} \begin{bmatrix} 1 & 2 & -3 & | & 9 \\ 0 & -5 & 7 & | & -18 \\ 0 & -9 & 13 & | & -32 \end{bmatrix} \xrightarrow[5R_3 - 9R_2]{} \begin{bmatrix} 1 & 2 & -3 & | & 9 \\ 0 & -5 & 7 & | & -18 \\ 0 & 0 & 2 & | & 2 \end{bmatrix}$$

$$\begin{matrix} R_1 + 3R_3 \\ R_2 - 7R_3 \\ 0.5R_3 \end{matrix} \begin{bmatrix} 1 & 2 & 0 & | & 12 \\ 0 & -5 & 0 & | & -25 \\ 0 & 0 & 1 & | & 1 \end{bmatrix} \begin{matrix} R_1 - 2R_2 \\ -0.2R_2 \\ \longrightarrow \end{matrix} \begin{bmatrix} 1 & 0 & 0 & | & 2 \\ 0 & 1 & 0 & | & 5 \\ 0 & 0 & 1 & | & 1 \end{bmatrix}$$

La solución es única $x = 2,\ y = 5,\ z = 1$.

f.
$$2r + s = 3$$
$$4r + s = -5$$
$$2r + 5s = 47$$

$$\begin{bmatrix} 2 & 1 & | & 3 \\ 4 & 1 & | & -5 \\ 2 & 5 & | & 47 \end{bmatrix} \xrightarrow[\substack{R_2 - 2R_1 \\ R_3 - R_2}]{} \begin{bmatrix} 2 & 1 & | & 3 \\ 0 & -1 & | & -11 \\ 0 & 4 & | & 44 \end{bmatrix} \begin{matrix} R_1 + R_2 \\ R_2 \\ \longrightarrow \\ R_3 + 4R_2 \end{matrix} \begin{bmatrix} 2 & 0 & | & -8 \\ 0 & 1 & | & 11 \\ 0 & 0 & | & 0 \end{bmatrix}$$

La solución es única $r = -4,\ s = 11$

g.
$$w + x + y + z = 4$$
$$2w + 2x + 4z = 6$$

$$\begin{bmatrix} 1 & 1 & 1 & 1 & | & 4 \\ 2 & 2 & 0 & 3 & | & 6 \end{bmatrix} \xrightarrow[R_2 - 2R_1]{} \begin{bmatrix} 1 & 1 & 1 & 1 & | & 4 \\ 0 & 0 & -2 & 2 & | & 8 \end{bmatrix}$$

Elimine las entradas arriba de la entrada principal para obtener la forma reducida.

$$\xrightarrow[-0.5R_2]{} \begin{bmatrix} 1 & 1 & 1 & 1 & | & 4 \\ 0 & 0 & 1 & -1 & | & -4 \end{bmatrix} \begin{matrix} R_1 - R_2 \\ \longrightarrow \end{matrix} \begin{bmatrix} \mathbf{1} & 1 & 0 & 2 & | & 8 \\ 0 & 0 & \mathbf{1} & -1 & | & -4 \end{bmatrix} \quad \begin{matrix} w + x + 2y = 8 \\ w - z = -4 \end{matrix}$$

Las variables principales son w (1ra columna) & y (3ra columna).
Las variables con parámetro son $x = t_1$ (2da columna) & $z = t_2$ (4ta columna).

La solución infinita tiene dos parámetros.

$$s = \begin{bmatrix} w = 8 - t_1 - 2t_2 \\ x = t_1 \\ y = -4 + t_2 \\ z = t_2 \end{bmatrix} = \begin{bmatrix} 8 \\ 0 \\ -4 \\ 0 \end{bmatrix} + t_1 \begin{bmatrix} -1 \\ 1 \\ 0 \\ 0 \end{bmatrix} + t_2 \begin{bmatrix} -2 \\ 0 \\ 1 \\ 1 \end{bmatrix}$$

Ejercicios de práctica:

1. *Resuelva:*
$$L_1 : \quad 2x + 5y = 10$$
$$L_2 : \quad 4x + 20y = 30$$

2. *Resuelva:*
$$L_1 : \quad 2x + 6y = 20$$
$$L_2 : \quad 3x + 4y = 20$$

3. Resuelva los siguientes sistemas algebraicamente.
   Indique si la solución es única, no existe o hay infinitas soluciones.

   a)
   $$L_1 : \quad 5x + 3y = 2$$
   $$L_2 : \quad -10x + 6y = 4$$

   b)
   $$L_1 : \quad 3x - 4y = 13$$
   $$L_2 : \quad 2x + 3y = 3$$

   c)
   $$L_1 : \quad 2p + 3q = 2$$
   $$L_2 : \quad 6p + 9q = 6$$

4. Un puesto de frutas vende moras y fresas. Una libra de moras se vende en Q 20 y una libra de fresas se vende en Q 14. En una día el puesto vendió un total de Q 2,100 y 135 libras de frutas. ¿Cuántas libras de cada fruta se vendieron?

5. Una persona tiene dos fondos de inversiones y el porcentaje de ganancia por año en cada una es el <u>mismo</u>. Del total de la cantidad invertida, 40 % menos $1,000 se invirtieron en una empesa de riesgo, y al final de un año, la persona recibió un rendimiento de $ 400 de esta empresa. Si el rendimiento total de un año fue de $1,200 encuentre la cantidad invertida en cada fondo y la inversión total.

6. Una cooperativa produce dos estilos de muebles artesanales, el Vintage y el Ecological. Por cada venta de un Vintage hay una utilidad de $ 300, mientras que hay una utilidad de $400 en cada Ecological. Determine cuántas unidades de cada estilo se vendieron si la utilidad fue de $800,000 y se vendieron el doble de muebles Vintage que del Ecological.

7. Determine si cada uno de los siguientes sistemas tiene un número infinito de solu ciones o solamente la solución trivial. No resuelva los sistemas.

   a)
   $$1.06x + 2.3y - 0.05z = 0$$
   $$1.055x - 0.6y + 0.09z = 0$$

   b)
   $$x + y + z = 0$$
   $$x \quad\quad - z = 0$$
   $$x - 2y - 5z = 0$$

   c)
   $$5w + 7x - 2y - 5z = 0$$
   $$7w - 6x + 9y - 5z = 0$$

   d)
   $$3x + 2y - 2z = 0$$
   $$2x + 2y - 2z = 0$$
   $$-4y + 5z = 0$$

8. Resuelva los siguientes sistemas de ecuaciones.
   Indique si el sistema tiene solución única, infinitas o ninguna solución.

   a)
   $$x - y + z = 0$$
   $$-x + 3y + z = 6$$
   $$3x + y + 8z = 12$$

   d)
   $$x - y + z = 0$$
   $$-x + 3y + z = 6$$
   $$3x + y + 8z = 2$$

   b)
   $$x + 2y = 3$$
   $$x + 2y = 0$$
   $$2x + 5y = 1$$

   e)
   $$3r + s = 0$$
   $$6r + 2s = 0$$
   $$3r + 5s = 0$$

   c)
   $$w + 3y + z = 3$$
   $$2w + 2x + 6y + 3z = 8$$

   f)
   $$x_1 - 3x_2 - 2x_3 = 0$$
   $$2x_1 - x_2 + x_3 = 0$$
   $$2x_1 + 4x_2 + 6x_3 = 0$$

9. Granada produce tres diferentes tamaños de barras: A: 100 g, B: 200 g, y C: 460 g. La utilidad obtenida por cada unidad vendida de A, B y C es de Q1, Q2 y Q3, respectivamente. Los costos fijos son de Q 200,000 por año y los costos de producción por cada unidad son de Q4, Q5 y Q7, resp. El año siguiente se tiene como meta producir 200,000 unidades entre los tres productos y se espera una utilidad de Q350,000. Si el costo total va a ser de Q1,200,000, ¿cuántas unidades deberán producirse para cada tipo de barra?

10. Una compañía produce tres artículos A, B y C, que requiere que se procesan en tres máquinas α, β, γ. El tiempo en horas requerido para el procesamiento de cada producto por las tres máquinas está dado en la siguiente tabla.

	A	B	C
α	3	1	2
β	1	2	1
γ	2	4	1

    Cada máquina está disponible 440 horas, 310 horas y 560, respectivamente.
    ¿Cuántas unidades deben producirse para utilizar todo el tiempo en las máquinas?

11. Una compañía de inversiones vende tres tipos de fondos de inversión Large Value (LV), Small Blend (SB) y Go-Anywhere (GA). Cada unidad de LV tiene 8 acciones nacionales (N), 16 de acciones internacionales (I) y 8 bonos del Tesoro (T). Cada unidad de SB tiene 16 acciones N, 8 acciones I y 8 bonos T y cada unidad de GA tiene 32 acciones N, 24 acciones I y 40 bonos T. Suponga que un inversionista desea comprar exactamente 264 acciones N, 192 acciones I, y 152 bonos T combinando unidades de los tres fondos.

    a) Escriba una matriz A que contenga cuántos tipos de acciones tiene cada fondo de inversión y un vector $\mathbf{b}$ con la cantidad de tipos acciones del inversionista.

    b) Resuelva el sistema $\begin{bmatrix} A & | & \mathbf{b} \end{bmatrix}$, indique si hay infinitas soluciones.

    c) Determine las combinaciones de unidades de LV, SB y GA que satisfacen los requerimientos del inversionista.

5. Soluciones Paramétricas [2] (6.5)

Un sistema de ecuaciones lineales puede tener una solución única, un número infinito de soluciones o ninguna solución. Cuando existe un número infinito de soluciones, el conjunto o familia de soluciones se puede expresar en términos de parámetros.

Simplifique la matriz aumentada $\begin{bmatrix} A & | & b \end{bmatrix}$ a su forma reducida:

- Las columnas con entradas principales tienen variables principales.

- Las columnas sin entradas principales tienen variables libres, éstas se expresan por medio cualquier número real o parámetro, denotado como r, s ó t.

Ejercicio 1: Resuelva el sistema de ecuaciones dado.

a.
$$x + 2y + 3z = 6$$
$$2x + 2y + 4z = 8$$

$$\begin{bmatrix} 1 & 2 & 3 & | & 6 \\ 2 & 2 & 4 & | & 8 \end{bmatrix} \xrightarrow[R_2 - 2R_1]{} \begin{bmatrix} 1 & 2 & 3 & | & 6 \\ 0 & -2 & -2 & | & -4 \end{bmatrix} \xrightarrow[-0.5R_2]{R_1 + R_2} \begin{bmatrix} 1 & 0 & 1 & | & 2 \\ 0 & 1 & 1 & | & 2 \end{bmatrix} \quad \begin{matrix} x + z = 2 \\ y + z = 2 \end{matrix}$$

Resuelva para x & y en términos de z (la tercera columna no tiene entrada principal).

$$\begin{aligned} x &= 2 - z \\ y &= 2 - z \\ z &= t \end{aligned} \qquad s = \begin{bmatrix} 2 - t \\ 2 - t \\ t \end{bmatrix}$$

Hay soluciones infinitas $z = t$ es un parámetro (cualquier número real).

b.
$$w + x + y + z = 4$$
$$2w + 2x + 4z = 16$$

$$\begin{bmatrix} 1 & 1 & 1 & 1 & | & 4 \\ 2 & 2 & 0 & 4 & | & 16 \end{bmatrix} \xrightarrow[R_2 - 2R_1]{} \begin{bmatrix} 1 & 1 & 1 & 1 & | & 4 \\ 0 & 0 & -2 & 2 & | & 8 \end{bmatrix}$$

Elimine las entradas arriba de la entrada principal para obtener la forma reducida.

$$\xrightarrow[-0.5R_2]{} \begin{bmatrix} 1 & 1 & 1 & 1 & | & 4 \\ 0 & 0 & 1 & -1 & | & -4 \end{bmatrix} \xrightarrow[\longrightarrow]{R_1 - R_2} \begin{bmatrix} \mathbf{1} & 1 & 0 & 2 & | & 8 \\ 0 & 0 & \mathbf{1} & -1 & | & -4 \end{bmatrix} \quad \begin{matrix} w + x + 2z = 8 \\ y - z = -4 \end{matrix}$$

Las variables principales son w (1ra columna) & y (3ra columna).
Las variables con parámetro son $x = t_1$ (2da columna) & $z = t_2$ (4ta columna).

La solución tiene dos parámetros y se puede escribir como una suma de 3 vectores.

$$s = \begin{bmatrix} w \\ x \\ y \\ z \end{bmatrix} = \begin{bmatrix} 8 - t_1 - 2t_2 \\ t_1 \\ -4 + t_2 \\ t_2 \end{bmatrix} = \begin{bmatrix} 8 \\ 0 \\ -4 \\ 0 \end{bmatrix} + t_1 \begin{bmatrix} -1 \\ 1 \\ 0 \\ 0 \end{bmatrix} + t_2 \begin{bmatrix} -2 \\ 0 \\ 1 \\ 1 \end{bmatrix}$$

$$w + 2x + 5y + 2z = -3$$
c. $\quad w + 2x + 6y + 3z = -1$
$$2w + 4y + 8z + 2z = -10$$

$$\begin{bmatrix} 1 & 2 & 5 & 2 & | & -3 \\ 1 & 2 & 6 & 3 & | & -1 \\ 2 & 4 & 8 & 2 & | & -10 \end{bmatrix} \begin{array}{c} \longrightarrow \\ R_2 - R_1 \\ R_3 - 2R_1 \end{array} \begin{bmatrix} 1 & 2 & 5 & 2 & | & -3 \\ 0 & 0 & 1 & 1 & | & 2 \\ 0 & 0 & -2 & -2 & | & -4 \end{bmatrix} \begin{array}{c} R_1 - 5R_2 \\ \longrightarrow \\ R_3 + 2R_2 \end{array} \begin{bmatrix} 1 & 2 & 0 & -3 & | & -13 \\ 0 & 0 & 1 & 1 & | & 2 \\ 0 & 0 & 0 & 0 & | & 0 \end{bmatrix}$$

w & y son variables principales, mientras que x & z son variables libres.
Resuelva para w & y en términos de $x = r$ & $z = t$

El sistema de ecuaciones "reducido" es

$$w + 2r - 3t = -13 \qquad \Longrightarrow \qquad w = -13 - 2r + 3t$$
$$y + t = 2 \qquad \Longrightarrow \qquad y = 2 - t$$

Hay un número infinito de soluciones, la familia de soluciones es:

$$\begin{bmatrix} w \\ x \\ y \\ z \end{bmatrix} = \begin{bmatrix} -13 - 2r + 3t \\ r \\ 2 - t \\ t \end{bmatrix} = \begin{bmatrix} -13 \\ 0 \\ 2 \\ 0 \end{bmatrix} + r \begin{bmatrix} -2 \\ 1 \\ 0 \\ 0 \end{bmatrix} + t \begin{bmatrix} 3 \\ 0 \\ -1 \\ 1 \end{bmatrix}$$

Asignando valores específicos a r y t se obtiene una solución particular, por ejemplo:

$$r = 0, \ t = 0 \qquad\qquad s_1 = \begin{bmatrix} -13 & 0 & 2 & 0 \end{bmatrix}^T$$
$$r = 1, \ t = 5 \qquad\qquad s_2 = \begin{bmatrix} 0 & 1 & -3 & 5 \end{bmatrix}^T$$

Sistemas Homogéneos

> Un sistema de ecuaciones lineales se denomina **homogéneo** si el término constante en cada ecuación es cero, este sistema tiene la forma $A\mathbf{x} = \mathbf{0}$.

- La matriz aumentada de un sistema homogéneo es $\begin{bmatrix} A \mid \mathbf{0} \end{bmatrix}$.

- Un sistema es **no homogéneo** si el vector constante es diferente del vector cero.

La última columna de un sistema homogéneo contiene sólo ceros. Si se realizan operaciones elementales con renglones, esta última columna continúa teniendo sólo ceros.

Por esta situación, el vector cero siempre es una solución del sistema $A\mathbf{x} = \mathbf{0}$.

Solución Trivial

El vector cero $\mathbf{0}$ es siempre una solución del sistema homogéneo y se conoce como la **solución trivial** del sistema.

$$A_{m \times n} \mathbf{0}_{n \times 1} = \mathbf{0}_{m \times 1}$$

Ejemplos de Sistemas Homogéneos:

$$a + 2b + c + d = 0 \qquad\qquad w + x = 0$$
$$2a + 3c + d = 0 \qquad\qquad 2w + 3x = 0$$
$$4b + c + d = 0 \qquad\qquad 2w - x = 0$$

Propiedades de los Sistemas Homogéneos

- Un sistema homogéneo tiene solución única, la trivial **0**, o soluciones infinitas.

- Si el sistema homogéneo con menos ecuaciones que incógnitas tiene un número infinito de soluciones.

Ejercicio 2: Resuelva los siguientes sistemas homogéneos. Indique el número de soluciones.

a.
$$a + 2b + c + d = 0$$
$$2a + 3c + d = 0$$
$$4b + c + d = 0$$

Escriba la matriz aumentada y reduzca a su forma reducida por renglones.

$$\begin{bmatrix} 1 & 2 & 1 & 1 & | & 0 \\ 2 & 0 & 3 & 1 & | & 0 \\ 0 & 4 & 1 & 1 & | & 0 \end{bmatrix} \xrightarrow[R_2 - 2R_1]{} \begin{bmatrix} 1 & 2 & 1 & 1 & | & 0 \\ 0 & -4 & 1 & -1 & | & 0 \\ 0 & 4 & 1 & 1 & | & 0 \end{bmatrix} \begin{matrix} R_1 + 0.5R_2 \\ \xrightarrow{} \\ R_3 + R_2 \end{matrix} \begin{bmatrix} 1 & 0 & 1.5 & 0.5 & | & 0 \\ 0 & -4 & 1 & -1 & | & 0 \\ 0 & 0 & 2 & 0 & | & 0 \end{bmatrix}$$

$$\begin{matrix} \xrightarrow{} \\ -0.25R_2 \\ 0.5R_3 \end{matrix} \begin{bmatrix} 1 & 0 & 1.5 & 0.5 & | & 0 \\ 0 & 1 & -0.25 & 0.25 & | & 0 \\ 0 & 0 & 1 & 0 & | & 0 \end{bmatrix} \begin{matrix} R_1 - 1.5R_3 \\ R_2 + 0.25R_3 \\ \xrightarrow{} \end{matrix} \begin{bmatrix} \mathbf{1} & 0 & 0 & 0.5 & | & 0 \\ 0 & \mathbf{1} & 0 & 0.25 & | & 0 \\ 0 & 0 & \mathbf{1} & 0 & | & 0 \end{bmatrix}$$

El sistema tiene infinitas soluciones $a = -0.5t$, $b = -0.25t$, $c = 0$, $d = t$.

b.
$$w + x = 0$$
$$2w + 3x = 0$$
$$2w - x = 0$$

$$\begin{bmatrix} 1 & 1 & | & 0 \\ 2 & 3 & | & 0 \\ 2 & -1 & | & 0 \end{bmatrix} \begin{matrix} \xrightarrow{} \\ R_2 - 2R_1 \\ R_3 - 2R_1 \end{matrix} \begin{bmatrix} 1 & 1 & | & 0 \\ 0 & 1 & | & 0 \\ 0 & -3 & | & 0 \end{bmatrix} \begin{matrix} \xrightarrow{} \\ R_1 - R_2 \\ R_3 + 3R_2 \end{matrix} \begin{bmatrix} 1 & 0 & | & 0 \\ 0 & 1 & | & 0 \\ 0 & 0 & | & 0 \end{bmatrix}$$

La solución es única $w = x = 0$ y es igual al vector cero **0**.

Ejercicios Aplicados

Ejercicio 3: El doctor le prescribió a una persona 10 mg de vitamina A, 9 mg de vitamina D y 19 mg de vitamina E. En la farmacia hay tres marcas de píldoras vitamínicas. La marca GNC tiene 2 mg de vitamina A, 3 mg de vitamina D y 5 mg de vitamina E; Centrum tiene 1, 3 y 4 mgs de cada vitamina; Picapiedra tiene 1 mg de A, 0 mgs de D y 1 mg d E.

a. Plantee el sistema de ecuaciones.

Sea x el número de píldoras GNC, y el de Centrum, y z el de picapiedra.

Cada fila indica el aporte de cada píldora y el requerimiento para cada vitamina.

$$
\begin{array}{ll}
\text{Vitamina A:} & 2x + y + z = 10 \\
\text{Vitamina D:} & 3x + 3y + 0z = 9 \\
\text{Vitamina E:} & 5x + 4y + z = 19
\end{array}
$$

b. Resuelva el sistema de ecuaciones. Indique el número de soluciones.

$$
\begin{bmatrix} 2 & 1 & 1 & | & 10 \\ 3 & 3 & 0 & | & 9 \\ 5 & 4 & 1 & | & 19 \end{bmatrix}
\begin{array}{c} R_2/3 \\ R_1 \longleftrightarrow R_3 \\ \longrightarrow \end{array}
\begin{bmatrix} 1 & 1 & 0 & | & 3 \\ 2 & 1 & 1 & | & 10 \\ 5 & 4 & 1 & | & 19 \end{bmatrix}
\begin{array}{c} \longrightarrow \\ R_2 - 2R_1 \\ R_3 - 5R_1 \end{array}
\begin{bmatrix} 1 & 1 & 0 & | & 3 \\ 0 & -1 & 1 & | & 4 \\ 0 & -1 & 1 & | & 4 \end{bmatrix}
$$

$$
\begin{array}{c} R_1 + R_2 \\ -R_2 \\ R_3 - R_2 \end{array}
\begin{bmatrix} 1 & 0 & 1 & | & 7 \\ 0 & 1 & -1 & | & -4 \\ 0 & 0 & 0 & | & 0 \end{bmatrix}
\qquad \Rightarrow \qquad
\begin{array}{c} x = 7 - t \\ y = t - 4 \\ z = t \end{array}
$$

El número de soluciones es infinito.

c. Encuentre todas las combinaciones posibles de píldoras que proporcionan de manera exacta las cantidades requeridas.

Para que todas las cantidades de píldoras sean positivas:

$$
\begin{array}{ll}
x = 7 - t \geqslant 0 & t \leqslant 7 \\
y = t - 4 \geqslant 0 & t \geqslant 4 \\
z = t \geqslant 0 & t \geqslant 0
\end{array}
$$

Los requerimientos exactos se obtienen cuando $t = 4$, 5, 6 y 7.

$$
\begin{bmatrix} x \\ y \\ z \end{bmatrix} = \begin{bmatrix} 3 \\ 0 \\ 4 \end{bmatrix}, \qquad \begin{bmatrix} 2 \\ 1 \\ 5 \end{bmatrix}, \qquad \begin{bmatrix} 1 \\ 2 \\ 6 \end{bmatrix}, \qquad \begin{bmatrix} 0 \\ 3 \\ 7 \end{bmatrix}
$$

d. ¿Cuál es la combinación más cara y la más barata del inciso c. ?

El costo para cada combinación de píldora es $C(x, y, z) = 10x + 60y + 30z$.

El costo para cada combinación con los requerimientos exactos es:

$$C(3, 0, 4) = 30 + 0 + 120 = 150$$
$$C(2, 1, 5) = 20 + 60 + 150 = 230$$
$$C(1, 2, 6) = 10 + 120 + 180 = 310$$
$$C(0, 3, 7) = 0 + 180 + 210 = 390$$

La combinación más barata (Q 1.50) es con 3 píldoras GNC y 4 Picapiedra.
La combinación más cara (Q 3.90) es con 3 píldoras Centrum y 7 Picapiedra.

e. Si cada píldora GNC cuesta 10 cts., Centrum 60 cts. y Picapiedra 30 cts., ¿existe alguna combinación que cueste exactamente Q 2.30 por día.

Si, el costo de consumir 2 píldoras GNC, 1 Centrum y 5 Picapiedra es de Q2.30.

Ejercicio 4: Granada produce tres diferentes tamaños de barras: A: 100 g, B: 200 g, y C: 460 g. La utilidad neta obtenida por cada unidad vendida de A, B y C es de Q1, Q2 y Q3, respectivamente. Los costos fijos son de Q 200,000 por año y los costos de producción por cada unidad son de Q4, Q5 y Q7, resp. El año siguiente se tiene como meta producir 200,000 unidades entre los tres productos y se espera una utilidad de Q350,000. Si el costo total va a ser de Q1,200,000, ¿cuántas unidades deberán producirse para cada tipo de barra?

Escriba el sistema de ecuaciones, los costos variables son $CV = 1,200 - 200 = 1,000$.

Meta de Producción	$x + y + z = 200 \ mil$
Meta de Utilidad	$x + 2y + 3z = 350 \ mil$
Costos Variables	$4x + 5y + 7z = 1,000 \ mil$

Escriba la matriz aumentada del sistema y redúzcala.

$$\begin{bmatrix} 1 & 1 & 1 & | & 200 \\ 1 & 2 & 3 & | & 350 \\ 4 & 5 & 7 & | & 1000 \end{bmatrix} \begin{matrix} \longrightarrow \\ R_2 - R_1 \\ R_3 - 4R_1 \end{matrix} \begin{bmatrix} 1 & 1 & 1 & | & 200 \\ 0 & 1 & 2 & | & 150 \\ 0 & 1 & 3 & | & 200 \end{bmatrix} \begin{matrix} \longrightarrow \\ R_3 - R_2 \end{matrix} \begin{bmatrix} 1 & 1 & 1 & | & 200 \\ 0 & 1 & 2 & | & 150 \\ 0 & 0 & 1 & | & 50 \end{bmatrix}$$

$$\begin{matrix} R_1 - R_3 \\ R_2 - 2R_3 \\ \longrightarrow \end{matrix} \begin{bmatrix} 1 & 1 & 0 & | & 150 \\ 0 & 1 & 0 & | & 50 \\ 0 & 0 & 1 & | & 50 \end{bmatrix} \begin{matrix} R_1 - R_2 \\ \longrightarrow \end{matrix} \begin{bmatrix} 1 & 0 & 0 & | & 100 \\ 0 & 1 & 0 & | & 50 \\ 0 & 0 & 1 & | & 50 \end{bmatrix}$$

Granada debe producir 100 mil barras de 100g, 50 mil barras de 200g y 50 mil barras de 460g para cumplir con sus metas de producción.

Ejercicio 5: Una compañía produce tres artículos A, B y C, que requiere que se procesan en tres máquinas α, β, γ. El tiempo en horas requerido para el procesamiento de cada producto por las tres máquinas está dado en la siguiente tabla.

	A	B	C
α	3	1	2
β	1	2	1
γ	2	4	1

Cada máquina está disponible 440 horas, 310 horas y 560, respectivamente.
¿Cuántas unidades deben producirse para utilizar todo el tiempo en las máquinas?

Escriba el sistema de ecuaciones en cada fila está el tiempo de uso de cada máquina.

Horas β $\qquad\qquad\qquad$ $x + 2y + z = 310$

Horas α $\qquad\qquad\qquad$ $3x + y + 2z = 440$

Horas γ $\qquad\qquad\qquad$ $2x + 4y + z = 560$

Escriba la matriz aumentada del sistema y redúzcala.

$$\begin{bmatrix} 1 & 2 & 1 & | & 310 \\ 3 & 1 & 2 & | & 440 \\ 2 & 4 & 1 & | & 560 \end{bmatrix} \begin{matrix} \\ R_2 - 3R_1 \\ R_3 - 2R_1 \end{matrix} \longrightarrow \begin{bmatrix} 1 & 2 & 1 & | & 310 \\ 0 & -5 & -1 & | & -490 \\ 0 & 0 & -1 & | & -60 \end{bmatrix} \begin{matrix} R_1 + R_3 \\ R_2 - R_3 \\ \longrightarrow \end{matrix} \begin{bmatrix} 1 & 2 & 0 & | & 250 \\ 0 & -5 & 0 & | & -430 \\ 0 & 0 & -1 & | & -60 \end{bmatrix}$$

$$\begin{matrix} \longrightarrow \\ -R_2/5 \\ -R_3 \end{matrix} \begin{bmatrix} 1 & 2 & 0 & | & 250 \\ 0 & 1 & 0 & | & 86 \\ 0 & 0 & 1 & | & 60 \end{bmatrix} \begin{matrix} R_1 - 2R_2 \\ \longrightarrow \end{matrix} \begin{bmatrix} 1 & 0 & 0 & | & 78 \\ 0 & 1 & 0 & | & 86 \\ 0 & 0 & 1 & | & 60 \end{bmatrix}$$

Se deben producir 78 unidades del producto A, 86 del producto B y 60 del producto C para que se utilice todo el tiempo de las máquinas.

6. Inversa de una matriz [2] (6.6)

En una variable, la solución de la ecuación: $ax = b$ es $x = a^{-1}b$ si $a \neq 0$.

Para n variables y ecuaciones, $Ax = b$ se puede resolver si A tiene una matriz inversa.

> **Matriz Inversa**
>
> Si A es una matriz $n \times n$, la **inversa** de A es una matriz A^{-1} con las propiedades:
>
> $$AA^{-1} = I_n \qquad\qquad A^{-1}A = I_n$$

Ejercicio 1: Compruebe que A^{-1} es la inversa de A.

a. $A = \begin{bmatrix} 4 & 11 \\ 1 & 3 \end{bmatrix}$, $A^{-1} = \begin{bmatrix} 3 & -11 \\ -1 & 4 \end{bmatrix}$

$$A^{-1}A = \begin{bmatrix} 3 & -11 \\ -1 & 4 \end{bmatrix} \begin{bmatrix} 4 & 11 \\ 1 & 3 \end{bmatrix} = \begin{bmatrix} 1 & 0 \\ 0 & 1 \end{bmatrix}$$

$$AA^{-1} = \begin{bmatrix} 4 & 11 \\ 1 & 3 \end{bmatrix} \begin{bmatrix} 3 & -11 \\ -1 & 4 \end{bmatrix} = \begin{bmatrix} 1 & 0 \\ 0 & 1 \end{bmatrix}$$

b. $A = \begin{bmatrix} 2 & 3 & 0 \\ 1 & -2 & -1 \\ 2 & 0 & -1 \end{bmatrix}$, $A^{-1} = \begin{bmatrix} 2 & 3 & -3 \\ -1 & -2 & 2 \\ 4 & 6 & -7 \end{bmatrix}$

$$A^{-1}A = \begin{bmatrix} 2 & 3 & -3 \\ -1 & -2 & 2 \\ 4 & 6 & -7 \end{bmatrix} \begin{bmatrix} 2 & 3 & 0 \\ 1 & -2 & -1 \\ 2 & 0 & -1 \end{bmatrix} = \begin{bmatrix} 1 & 0 & 0 \\ 0 & 1 & 0 \\ 0 & 0 & 1 \end{bmatrix}$$

$$AA^{-1} = \begin{bmatrix} 2 & 3 & 0 \\ 1 & -2 & -1 \\ 2 & 0 & -1 \end{bmatrix} \begin{bmatrix} 2 & 3 & -3 \\ -1 & -2 & 2 \\ 4 & 6 & -7 \end{bmatrix} = \begin{bmatrix} 1 & 0 & 0 \\ 0 & 1 & 0 \\ 0 & 0 & 1 \end{bmatrix}$$

Ejercicio 2: Analice si las siguientes matrices tienen inversa.

a. La **Matriz Cero** O : No tiene inversa, no hay ninguna matriz tal que $A^{-1}O = O \neq I$.

b. $A = \begin{bmatrix} 1 & 1 \\ 2 & 2 \end{bmatrix}$ Trate de resolver el sig. sistema de ecuaciones:

$$A^{-1}A = \begin{bmatrix} a & b \\ c & d \end{bmatrix} \begin{bmatrix} 1 & 1 \\ 2 & 2 \end{bmatrix} = \begin{bmatrix} 1 & 0 \\ 0 & 1 \end{bmatrix} \qquad \begin{bmatrix} a + 2b & a + 2b \\ c + 2d & c + 2d \end{bmatrix} = \begin{bmatrix} 1 & 0 \\ 0 & 1 \end{bmatrix}$$

$$\begin{matrix} a + 2b = 1 \\ a + 2b = 0 \\ c + 2d = 0 \\ c + 2d = 1 \end{matrix} \quad \begin{bmatrix} 1 & 2 & 0 & 0 & | & 1 \\ 1 & 2 & 0 & 0 & | & 0 \\ 0 & 0 & 1 & 2 & | & 0 \\ 0 & 0 & 1 & 2 & | & 1 \end{bmatrix} \begin{matrix} \\ R_2 - R_1 \\ \longrightarrow \\ R_4 - R_3 \end{matrix} \begin{bmatrix} 1 & 2 & 0 & 0 & | & 1 \\ 0 & 0 & 0 & 0 & | & -1 \\ 0 & 0 & 1 & 2 & | & 0 \\ 0 & 0 & 0 & 0 & | & 1 \end{bmatrix}$$

Como $0 \neq -1$ y $0 \neq 1$, el sistema no tiene solución y A <u>NO tiene matriz inversa</u>.

Observaciones:

- Como no es posible realizar el producto $A^{-1}_{m \times n} A_{m \times n}$, una matriz rectangular $A_{m \times n}$ no tiene inversa.

- Si A tiene una matriz inversa, entonces su inversa es **única**.

- Una matriz que tiene inversa se denota como **matriz invertible**.

- Si A tiene una matriz inversa, entonces el sistema $Ax = b$, se puede resolver multiplicando ambos lados por A^{-1}.

$$A^{-1}Ax = A^{-1}b$$
$$Ix = A^{-1}b$$
$$x = A^{-1}b$$

Si A es invertible, entonces la solución del sistema $Ax = b$ es única, $x = A^{-1}b$.

Una matriz 2×2 es invertible si $ad - bc \neq 0$. Su inversa intercambia las entradas diagonales y multiplica cada entrada fuera de la diagonal por -1.

Inversa de una Matriz 2×2

Para $A = \begin{bmatrix} a & b \\ c & d \end{bmatrix}$, si $|A| = ad - bc \neq 0$, entonces la inversa de A es:

$$A^{-1} = \frac{1}{|A|} \begin{bmatrix} d & -b \\ -c & a \end{bmatrix}$$

Comprobación:

$$A^{-1}A = \frac{1}{|A|} \begin{bmatrix} d & -b \\ -c & a \end{bmatrix} \begin{bmatrix} a & b \\ c & d \end{bmatrix} = \frac{1}{ad-bc} \begin{bmatrix} da - bc & -0 \\ -0 & -cb + ad \end{bmatrix} = \begin{bmatrix} 1 & 0 \\ 0 & 1 \end{bmatrix} = I$$

$$AA^{-1} = \frac{1}{|A|} \begin{bmatrix} a & b \\ c & d \end{bmatrix} \begin{bmatrix} d & -b \\ -c & a \end{bmatrix} = \frac{1}{ad-bc} \begin{bmatrix} ad - bc & -0 \\ -0 & -cb + da \end{bmatrix} = \begin{bmatrix} 1 & 0 \\ 0 & 1 \end{bmatrix} = I$$

Ejercicio 3: Encuentre la inversa de la matriz indicada (si existe).

a. $A = \begin{bmatrix} 1 & 3 \\ 2 & 7 \end{bmatrix}$; $\qquad |A| = 7 - 6 = 1 \neq 0,$ $\qquad A^{-1} = \begin{bmatrix} 7 & -3 \\ -2 & 1 \end{bmatrix}$

b. $B = \begin{bmatrix} -3 & -1 \\ 30 & 10 \end{bmatrix}$; $\qquad |B| = -30 + 30 = 0,$ $\qquad B$ no es invertible y B^{-1} no existe.

Ejercicio 4: Resuelva los siguientes sistemas de ecuaciones lineales.

a. $\begin{array}{l} x_1 + 3x_2 = 4 \\ 2x_1 + 7x_2 = 6 \end{array}$,   en este caso $Ax = b$, donde:

$$A = \begin{bmatrix} 1 & 3 \\ 2 & 7 \end{bmatrix}, \qquad b = \begin{bmatrix} 4 \\ 6 \end{bmatrix}$$

$$x = A^{-1}b = \begin{bmatrix} 7 & -3 \\ -2 & 1 \end{bmatrix} \begin{bmatrix} 4 \\ 6 \end{bmatrix} = \begin{bmatrix} 10 \\ -2 \end{bmatrix}$$

b. $\begin{array}{l} -3x_1 - x_2 = -12 \\ 30x_1 + 10x_2 = 120 \end{array}$,   en este caso la matriz $B = \begin{bmatrix} -3 & -1 \\ 30 & 10 \end{bmatrix}$ no es invertible.

Resuelva el sistema utilizando eliminación gaussiana.

$$\begin{bmatrix} -3 & -1 & | & -12 \\ 30 & 10 & | & 120 \end{bmatrix} \underset{R_2 + 10R_1}{\longrightarrow} \begin{bmatrix} -3 & -1 & | & -12 \\ 0 & 0 & | & 0 \end{bmatrix}$$

Las soluciones son infinitas: $x_1 = 4 - \dfrac{t}{3}, \quad x_2 = t.$

Método de Reducción Gauss-Jordan para encontrar la inversa de A

Hay un método sistemático para encontrar la inversa de A realizando operaciones elementales que reducen la matriz A a la matriz identidad I (si es posible).

Método Gauss-Jordan para encontrar la inversa de A

1. Considere la matriz aumentada $[A \,|\, I]$.

2. Reduzca la matriz A $[I \,|\, A^{-1}]$.

3. La matriz del lado derecho es la inversa de A.
   A no es invertible si no se puede reducir a I.

Ejercicio 5: Encuentre la inversa de la siguientes matrices (si existen) usando reducción.

a. $A = \begin{bmatrix} 1 & 2 \\ 0 & 1 \end{bmatrix},$ $\begin{bmatrix} 1 & 2 & | & 1 & 0 \\ 0 & 1 & | & 0 & 1 \end{bmatrix} \underset{\longrightarrow}{R_1 - 2R_2} \begin{bmatrix} 1 & 0 & | & 1 & -2 \\ 0 & 1 & | & 0 & 1 \end{bmatrix}$ $A^{-1} = \begin{bmatrix} 1 & -2 \\ 0 & 1 \end{bmatrix}$

b. $B = \begin{bmatrix} 1 & 5 \\ 1 & 4 \end{bmatrix},$ La inversa es: $B^{-1} = \begin{bmatrix} -4 & 5 \\ 1 & -1 \end{bmatrix}$

$$\begin{bmatrix} 1 & 5 & | & 1 & 0 \\ 1 & 4 & | & 0 & 1 \end{bmatrix} \underset{R_2 - R_1}{\longrightarrow} \begin{bmatrix} 1 & 5 & | & 1 & 0 \\ 0 & -1 & | & -1 & 1 \end{bmatrix} \underset{-R_2}{\overset{R_1 + 5R_2}{\longrightarrow}} \begin{bmatrix} 1 & 0 & | & -4 & 5 \\ 0 & 1 & | & 1 & -1 \end{bmatrix}$$

c. $C = \begin{bmatrix} 1 & -1 & 0 \\ 1 & 0 & 1 \\ 0 & 0 & 1 \end{bmatrix}$

$\begin{bmatrix} 1 & -1 & 0 & | & 1 & 0 & 0 \\ 1 & 0 & 1 & | & 0 & 1 & 0 \\ 0 & 0 & 1 & | & 0 & 0 & 1 \end{bmatrix} \begin{array}{c} \longrightarrow \\ R_2 - R_1 \end{array} \begin{bmatrix} 1 & -1 & 0 & | & 1 & 0 & 0 \\ 0 & 1 & 1 & | & -1 & 1 & 0 \\ 0 & 0 & 1 & | & 0 & 0 & 1 \end{bmatrix} \begin{array}{c} \longrightarrow \\ R_2 - R_3 \end{array} \begin{bmatrix} 1 & -1 & 0 & | & 1 & 0 & 0 \\ 0 & 1 & 0 & | & -1 & 1 & -1 \\ 0 & 0 & 1 & | & 0 & 0 & 1 \end{bmatrix}$

$\begin{array}{c} R_1 + R_2 \\ \longrightarrow \end{array} \begin{bmatrix} 1 & 0 & 0 & | & 0 & 1 & -1 \\ 0 & 1 & 0 & | & -1 & 1 & -1 \\ 0 & 0 & 1 & | & 0 & 0 & 1 \end{bmatrix} \qquad C^{-1} = \begin{bmatrix} 0 & 1 & -1 \\ -1 & 1 & -1 \\ 0 & 0 & 1 \end{bmatrix}$

d. $D = \begin{bmatrix} 1 & 1 & 2 \\ 1 & 2 & 4 \\ 0 & 3 & 6 \end{bmatrix}$, D no es invertible, porque D no se puede reducir a I_3.

$\begin{bmatrix} 1 & 1 & 2 & | & 1 & 0 & 0 \\ 1 & 2 & 4 & | & 0 & 1 & 0 \\ 0 & 3 & 6 & | & 0 & 0 & 1 \end{bmatrix} \begin{array}{c} \longrightarrow \\ R_2 - R_1 \end{array} \begin{bmatrix} 1 & 1 & 2 & | & 1 & 0 & 0 \\ 0 & 1 & 2 & | & -1 & 1 & 0 \\ 0 & 3 & 6 & | & 0 & 0 & 1 \end{bmatrix} \begin{array}{c} R_1 - R_2 \\ \longrightarrow \\ R_3 - 3R_2 \end{array} \begin{bmatrix} 1 & 0 & 0 & | & 2 & -1 & 0 \\ 0 & 1 & 2 & | & -1 & 1 & 0 \\ 0 & 0 & 0 & | & 3 & -3 & 1 \end{bmatrix}$

Propiedades de las matrices inversas

Si A y B son matrices invertibles del mismo tamaño y $k \neq 0$ es un escalar.

a. $(A^{-1})^{-1} = A$ $\qquad$ A^{-1} es invertible
b. $(kA)^{-1} = k^{-1}A^{-1}$ $\qquad$ kA es invertible
c. $(AB)^{-1} = B^{-1}A^{-1}$ $\qquad$ AB es invertible
d. $(A^T)^{-1} = (A^{-1})^T$ $\qquad$ A^T es invertible
e. $(A^n)^{-1} = (A^{-1})^n$ $\qquad$ A^n es invertible
f. $A^{-n} = (A^{-1})^n$ $\qquad$ **Poder negativo** de una matriz

La propiedad c. se conoce como *"shoes and socks rule,"* se comprueba de la sig. manera:

$$B^{-1}A^{-1}AB = B^{-1}IB = B^{-1}B = I$$
$$A^{-1}B^{-1}BA = A^{-1}IA = A^{-1}A = I$$

Ejercicio 5: Resuelva para la matriz X en las sigs. ecuaciones, donde A y B son invertibles.

a. $XA^2 = A^{-1}$ $\qquad$ Multiplique por la derecha por A^{-2}.

$$XA^2A^{-2} = A^{-1}A^{-2}, \qquad X = A^{-3}$$

b. $(A^{-2}X)^{-1} = B(A^{-1}B)^{-1}$

$$X^{-1}A^2 = B(B^{-1}A)$$
$$X^{-1}A^2 = A$$
$$X^{-1}A^2A^{-2} = AA^{-2}$$
$$X^{-1} = A^{-1}, \qquad X = A$$

¡CUIDADO! No hay ninguna fórmula para la inversa de la suma $(A+B)^{-1} \neq A^{-1} + B^{-1}$.

Ejercicios de Práctica

1. Encuentre la inversa (si existe) de las siguientes matrices.

   a) $A = \begin{bmatrix} 1 & -2 & -3 \\ 2 & 2 & -3 \\ -3 & 2 & 4 \end{bmatrix}$

   c) $C = \begin{bmatrix} 0 & 2 & 3 \\ 2 & 0 & 3 \\ 3 & 2 & 0 \end{bmatrix}$

   b) $B = \begin{bmatrix} 1 & 2 & 3 \\ 1 & 3 & 5 \\ 1 & 5 & 12 \end{bmatrix}$

   d) $D = \begin{bmatrix} 2 & 0 & 0 \\ 1 & 0 & 0 \\ 0 & 0 & 8 \end{bmatrix}$

2. $A = \begin{bmatrix} 1 & 1 \\ 3 & 4 \end{bmatrix}$ y $B = \begin{bmatrix} 17 & 25 \\ 2 & 3 \end{bmatrix}$ tienen inversas $A^{-1} = \begin{bmatrix} 4 & -1 \\ -3 & 1 \end{bmatrix}$ y $B^{-1} = \begin{bmatrix} -3 & 25 \\ 2 & -17 \end{bmatrix}$.

   Utilice propiedades para encontrar las inversas de las siguientes matrices:

   a) AB

   b) $(A^2)^T$

   c) ¿Es cierto que $(A + B)^{-1} = A^{-1} + B^{-1}$?   Evalúe y explique.

3. Un grupo de inversionistas decide invertir \$ 500 mil en las acciones de tres compañías. La compañía D vende en \$ 60 una acción y tiene un retorno esperado del 16 % anual. La compañía E vende en \$ 80 cada acción y tiene un retorno esperado de 12 % anual. La compañía F vende cada acción en \$ 30 y tiene un retorno esperado de 9 % anual. El grupo planea comprar cuatro veces más acciones de la compañía F que de E. La meta del grupo es obtener un 13.68 % de retorno anual.

   a) Dadas las restricciones, construya el sistema de ecuaciones $Ax = b$.

   b) ¿Cuántas acciones de cada compañía deben comprar los inversionistas?

   c) Los inversionistas tienen una estrategia más agresiva de inversión, donde desean comprar el doble de acciones de la compañía F que de la E y tienen la meta de 14.52 % de retorno.   ¿Cuántas acciones de cada tipo se deben comprar?

7.   Determinantes [2] (6.7)

El **determinante** de una matriz 1×1 $A = [a_{11}]$ es $\det A = a_{11}$.

El **determinante** de una matriz 2×2, denotado como $\det A$ ó $|A|$, es la diferencia entre el producto de las entradas de la diagonal principal y del producto de la otra diagonal.

$$|A| = \begin{vmatrix} a & b \\ c & d \end{vmatrix} = ad - bc$$

Por ejemplo,

$$\begin{vmatrix} 2 & 4 \\ 1 & 3 \end{vmatrix} = 2(3) - 4(1) = 2$$

El **determinante** de $A_{3 \times 3}$ se obtiene al sumar 3 determinantes de tamaño 2×2.

$$|A| = \begin{vmatrix} a_1 & a_2 & a_3 \\ b_1 & b_2 & b_3 \\ c_1 & c_2 & c_3 \end{vmatrix} \quad a_1 \underbrace{\begin{vmatrix} b_2 & b_3 \\ c_2 & c_3 \end{vmatrix}}_{\text{elimine fila 1 y columna 1}} \quad -a_2 \underbrace{\begin{vmatrix} b_1 & b_3 \\ c_1 & c_3 \end{vmatrix}}_{\text{elimine fila 1 y columna 2}} \quad +a_3 \underbrace{\begin{vmatrix} b_1 & b_2 \\ c_1 & c_2 \end{vmatrix}}_{\text{elimine fila 1 y columna 3}}$$

La submatriz A_{ij} se obtiene al eliminar el renglón i y la columna j de A.

El determinante de A_{ij} se conoce como el **menor** de A_{ij}.

Determinante de una matriz 3×3

$$|A| = a_{11}|A_{11}| - a_{12}|A_{12}| + a_{13}|A_{13}|$$

Note que los signos se alternan dependiendo si la suma de los subíndices es par o impar.

Por ejemplo, calcule el determinante de la siguiente matriz

$$\begin{vmatrix} 1 & 0 & 2 \\ 3 & -2 & 1 \\ 0 & -1 & 0 \end{vmatrix} = 1 \begin{vmatrix} -2 & 1 \\ -1 & 0 \end{vmatrix} - 0 \begin{vmatrix} 3 & 1 \\ 0 & 0 \end{vmatrix} + 2 \begin{vmatrix} 3 & -2 \\ 0 & -1 \end{vmatrix}$$

$$= 1(0 + 1) - 0(0 + 0) + 2(-3 + 0) = 1 + 0 - 6 = -5$$

Usando la fórmula de sumatoria, el determinante se expresa de manera compacta como:

$$|A| = \sum_{j=1}^{3} (-1)^{1+j} a_{1j} \, | A_{1j} |$$

Determinantes de matrices cuadradas

El determinante de una matriz $n \times n$ se encuentra al sumar menores $(n-1) \times (n-1)$, las cuales a su vez son sumas de menores $(n-2) \times (n-2)$.

Determinante de una matriz $n \times n$

El determinante de una matriz $n \times n$ es el escalar

$$\det A = \sum_{j=1}^{n} (-1)^{1+j} \, a_{1j} \, \det A_{1j}$$

$\det A_{1j}$ se conoce como el **menor** (i,j) **de** A.

Esta fórmula se conoce como la expansión por **cofactores a lo largo del primer renglón,** porque el determinante se desarrolla sobre el primer renglón $A_{1j}, \ j = 1, \cdots n$.

Si el determinante de una matriz se desarrolla alrededor de otra fila ó de una columna se obtiene el mismo resultado.

Determinante de una matriz alrededor de una fila i o columna j

El determinante de una matriz $n \times n$ $A = [a_{ij}]$ es:

$$\det A = \sum_{j=1}^{n} (-1)^{i+j} \, a_{kj} \, |A_{kj}| \qquad \text{Expansión cofactores k-ésima fila}$$

$$\det A = \sum_{i=1}^{n} (-1)^{i+j} \, a_{ik} \, |A_{ik}| \qquad \text{Expansión cofactores k-ésima columna}$$

Ejercicio 1: Considere la matriz $A = \begin{bmatrix} 2 & 8 & 1 \\ 2 & 0 & 2 \\ 4 & 2 & 3 \end{bmatrix}$.

a. Calcule el determinante de A expandiendo alrededor de la segunda fila.

$$A = \begin{vmatrix} 2 & 8 & 1 \\ 2 & 0 & 2 \\ 4 & 2 & 3 \end{vmatrix} = -2 \begin{vmatrix} 8 & 1 \\ 2 & 3 \end{vmatrix} + 0 \begin{vmatrix} 2 & 1 \\ 4 & 3 \end{vmatrix} - 2 \begin{vmatrix} 2 & 8 \\ 4 & 2 \end{vmatrix} = -2(22) + 0(2) - 2(-28) = -44 + 56 = 12$$

b. Calcule el determinante de A expandiendo alrededor de la segunda columna.

$$A = \begin{vmatrix} 2 & 8 & 1 \\ 2 & 0 & 2 \\ 4 & 2 & 3 \end{vmatrix} = -8 \begin{vmatrix} 2 & 2 \\ 4 & 3 \end{vmatrix} + 0 \begin{vmatrix} 2 & 1 \\ 4 & 3 \end{vmatrix} - 2 \begin{vmatrix} 2 & 1 \\ 2 & 2 \end{vmatrix} = -8(-2) + 0(2) - 2(2) = 16 - 4 = 12$$

La evaluación de una determinante se simplifica si se desarrolla alrededor de una fila o de una columna que contenga varios ceros.

Ejercicio 2: Encuentre el determinante de la matriz indicada.

Desarrolle alrededor de la cuarta columna porque ésta tiene 3 entradas iguales a cero.

$$\det A = \begin{vmatrix} 1 & 3 & 0 & 0 \\ 4 & 2 & 2 & 2 \\ 3 & 0 & 1 & 0 \\ 2 & 1 & 0 & 0 \end{vmatrix} = -0|A_{14}| + 2\begin{vmatrix} 1 & 3 & 0 \\ 3 & 0 & 1 \\ 2 & 1 & 0 \end{vmatrix} - 0|A_{34}| + 0|A_{44}|$$

$$\det A = 2\left(0 - \begin{vmatrix} 1 & 3 \\ 2 & 1 \end{vmatrix} + 0\right) = -2(-5) = 10$$

Propiedades de las determinantes

Si una matriz A tiene:

a. un renglón ó columna igual a cero,   entonces $\det A = 0$.

b. dos renglones ó columnas repetidas,   entonces $\det A = 0$.

c. forma triangular, el determinante es el producto de sus entradas diagonales.

$$\det A = \begin{vmatrix} a_{11} & 0 & 0 & 0 & 0 \\ a_{21} & a_{22} & 0 & 0 & 0 \\ a_{31} & a_{32} & a_{33} & 0 & 0 \\ a_{41} & a_{42} & a_{43} & a_{44} & 0 \\ a_{51} & a_{52} & a_{53} & a_{54} & a_{55} \end{vmatrix} = a_{11}\begin{vmatrix} a_{22} & 0 & 0 & 0 \\ a_{32} & a_{33} & 0 & 0 \\ a_{42} & a_{43} & a_{44} & 0 \\ a_{52} & a_{53} & a_{54} & a_{55} \end{vmatrix} = a_{11}a_{22}a_{33}a_{44}a_{55}$$

Método de Triangulación

Si se obtiene la forma reducida R de la matriz A, el determinante de la matriz A se encuentra calculando el determinando a la matriz triangular R. Este método se conoce como el **método de triangulación.**

Efecto de las Operaciones de Renglón

a. Si se intercambian dos renglones: $\det R = \det A$.

b. Si se multiplica un renglón de A por k: $\det R = k \det A$.

c. Si se suma un múltiplo de un renglón a otro renglón: $\det R = \det A$.

Ejercicio 3: *Calcule el determinante de la matriz A usando el método de triangulación.*

$$A = \begin{bmatrix} 1 & 3 & -4 & 5 \\ 1 & 4 & -3 & 2 \\ 2 & 6 & -6 & 9 \\ -1 & -1 & 6 & 2 \end{bmatrix} \begin{matrix} \\ R_2 - R_1 \\ R_3 - 2R_1 \\ R_4 + R_1 \end{matrix} \begin{bmatrix} 1 & 3 & -4 & 5 \\ 0 & 1 & 1 & -3 \\ 0 & 0 & 2 & -1 \\ 0 & 2 & 2 & 7 \end{bmatrix} \xrightarrow[R_4 - 2R_2]{} \begin{bmatrix} 1 & 3 & -4 & 5 \\ 0 & 1 & 1 & -3 \\ 0 & 0 & 2 & -1 \\ 0 & 0 & 0 & 13 \end{bmatrix}$$

Como no hubo intercambio entre renglones ni multiplicación de una fila por un escalar:

$$A = \det R = 26$$

Existen varias relaciones entre las operaciones matriciales y sus determinantes.

Determinantes de Operaciones Matriciales

Si A y B son matrices $n \times n$, entonces

a. A es invertible **si y sólo si** $\det A \neq 0$.

b. $\det(kA) = k^n \det(A)$

c. $\det(AB) = \det(A)\det(B)$

d. $\det(A^{-1}) = \dfrac{1}{\det A}$, si A es invertible.

e. $\det(A^T) = \det(A)$

¡CUIDADO! La determinante de una suma NO se distribuye $\det(A+B) \neq \det A + \det B$.

El siguiente ejemplo nos ilustra que: $\det(A + B) \neq \det A + \det B$.

$$A = \begin{bmatrix} 2 & 1 \\ 0 & 3 \end{bmatrix} \qquad B = \begin{bmatrix} 3 & 0 \\ 1 & 2 \end{bmatrix} \qquad A + B = \begin{bmatrix} 5 & 1 \\ 1 & 5 \end{bmatrix}$$

$$\det A = \quad 6 \qquad \det B = \quad 6 \qquad \det(A + B) = \quad 24 \quad \neq \det A + \det B$$

Ejercicio 4: Evalúe los siguientes determinantes.

a. $\begin{vmatrix} 1 & 1 & 1 & 1 \\ 1 & 2 & 3 & 4 \\ 0 & 0 & 0 & 0 \\ 1 & 1 & 2 & 2 \end{vmatrix} = 0,$ Todas las entradas de la tercera fila son ceros.

b. $\begin{vmatrix} 1 & 3 & 1 & 2 \\ 2 & 4 & 2 & 3 \\ 1 & 5 & 1 & 4 \\ 2 & 6 & 2 & 5 \end{vmatrix} = 0,$ La primera y tercera columnas son iguales.

c. $\begin{vmatrix} 2 & \ln 2 & \ln 3 & \ln 4 \\ 0 & 3 & \ln 5 & \ln 6 \\ 0 & 0 & -1 & \ln 7 \\ 0 & 0 & 0 & -2 \end{vmatrix} = 2(3)(-1)(-2) = 12,$ La matriz es triangular superior.

$$C = \begin{bmatrix} 2 & 4 \\ 0 & 1 \end{bmatrix}, \qquad\qquad\qquad D = \begin{bmatrix} 3 & 0 \\ 2 & 2 \end{bmatrix}$$

d. $\det(C) = 2(1) = 2$ y $\det(D) = 3(2) = 6$ Ambas matrices son triangulares.

e. $\det(CD) = \det(C)\det(D) = 2(6) = 12$

f. $\det(3C^T) = 3^2 \det(C^T) = 9\det(C) = 9(2) = 18$

g. $\det(D^T C^{-1}) = \det(D^T)\det(C^{-1}) = \dfrac{\det(D)}{\det(C)} = \dfrac{6}{2} = 3$

Ejercicios de Práctica

1. Calcule los determinantes de las siguientes matrices.

a) $A = \begin{bmatrix} 2 & 3 & 0 \\ 2 & 0 & 2 \\ 0 & 3 & 2 \end{bmatrix}$

c) $C = \begin{bmatrix} 0 & 1 & 2 \\ 0 & 4 & 2 \\ 2 & 1 & 0 \end{bmatrix}$

b) $B = \begin{bmatrix} 9 & 8 & 7 \\ 6 & 5 & 4 \\ 3 & 2 & 1 \end{bmatrix}$

d) $D = \begin{bmatrix} 1 & -1 & 1 \\ -1 & 1 & -1 \\ 1 & -1 & 1 \end{bmatrix}$

2. Calcule los determinantes expandiendo a lo largo de cualquier renglón o columna que parezca conveniente.

a) $A = \begin{bmatrix} 2 & 4 & 0 & 8 \\ 0 & 1 & 2 & 4 \\ 0 & 2 & 0 & 0 \\ 1 & 4 & 8 & 0 \end{bmatrix}$

c) $C = \begin{bmatrix} 1 & 8 & 0 & 8 & 1 \\ 2 & 3 & 0 & 3 & 2 \\ 0 & 0 & 1 & 0 & 0 \\ 6 & 2 & 0 & 2 & 6 \\ 1 & 8 & 0 & 8 & 1 \end{bmatrix}$

b) $B = \begin{bmatrix} 0 & 0 & 0 & 1 \\ 0 & 0 & 1 & 2 \\ 0 & 1 & 2 & 4 \\ 1 & 2 & 4 & 8 \end{bmatrix}$

d) $D = \begin{bmatrix} k & 0 & 0 & 0 & k \\ 0 & k & 0 & k & 0 \\ 0 & 0 & k & 0 & 0 \\ k & 0 & k & 0 & k \\ k & k & k & k & k \end{bmatrix}$

3. Halle los valores de d para los cuales la matriz es invertible.

a) $A = \begin{bmatrix} d & -d & 3 \\ 0 & d+1 & 1 \\ 0 & 8 & d-1 \end{bmatrix}$

b) $B = \begin{bmatrix} d & d & 0 \\ d^2 & 2 & d \\ 0 & d & d \end{bmatrix}$

4. Suponga que A y B son matrices 10×10 cuyos determinantes son -2 y 4. Utilice propiedades para encontrar los determinantes indicados.

a) $\det(AB)$

d) $\det(A^{-1}BA)$

b) $\det(A^3)$

e) $\det(2A^T)$

c) $\det(A^TBA)$

f) $\det(2B^{-1})$

8. Regla de Cramer [2] (6.8)

Notación: Para una matriz $A_{n \times n}$ y un vector $\mathbf{b}_{n \times 1}$ se denota como $A_i(b)$ a la matriz obtenida al reemplazar la iésima columna de A por el vector columna $\mathbf{b}$.

$$A_i(\mathbf{b}) = \begin{bmatrix} a_1 & \cdots & \mathbf{b} & \cdots & a_n \end{bmatrix}$$

Utilizando esta notación, la regla de Cramer nos proporciona una fórmula que nos permite resolver sistemas de ecuaciones utilizando determinantes.

Regla de Cramer

Si $A_{n \times n}$ es invertible, entonces el sistema $A\mathbf{x} = \mathbf{b}$ tiene la solución única:

$$x_i = \frac{\det A_i(\mathbf{b})}{\det A} \qquad\qquad i = 1, 2, \cdots n$$

Ejercicio 1: Utilice la regla de Cramer para resolver los siguientes sistemas.

a. $\begin{aligned} 2x_1 - x_2 &= 5 \\ x_1 + 3x_2 &= -1 \end{aligned}$, $A = \begin{bmatrix} 2 & -1 \\ 1 & 3 \end{bmatrix}$, $b = \begin{bmatrix} 5 \\ -1 \end{bmatrix}$, $\det A = 6 + 1 = 7 \neq 0$

$$x_1 = \frac{\det A_1(b)}{\det A} = \frac{1}{7} \begin{vmatrix} 5 & -1 \\ -1 & 3 \end{vmatrix} = \frac{15 - 1}{7} = 2 \qquad x_2 = \frac{\det A_2(b)}{\det A} = \frac{1}{7} \begin{vmatrix} 2 & 5 \\ 1 & -1 \end{vmatrix} = \frac{-2 - 5}{7} = -1$$

b. $\begin{aligned} x_1 - x_3 &= 2 \\ x_2 - x_3 &= 3 \\ x_2 + x_3 &= 1 \end{aligned}$, $A = \begin{bmatrix} 1 & 0 & -1 \\ 0 & 1 & -1 \\ 0 & 1 & 1 \end{bmatrix}$, $b = \begin{bmatrix} 2 \\ 3 \\ 1 \end{bmatrix}$, $\det A = 1 \begin{vmatrix} 1 & -1 \\ 1 & 1 \end{vmatrix} = 2 \neq 0$

$$\det A_1(b) = \begin{vmatrix} 2 & 0 & -1 \\ 3 & 1 & -1 \\ 1 & 1 & 1 \end{vmatrix} = 2 \qquad \det A_2(b) = \begin{vmatrix} 1 & 2 & -1 \\ 0 & 3 & -1 \\ 0 & 1 & 1 \end{vmatrix} = 4 \qquad \det A_3(b) = \begin{vmatrix} 1 & 0 & 2 \\ 0 & 1 & 3 \\ 0 & 1 & 1 \end{vmatrix} = -2$$

$$x_1 = \frac{\det A_1(b)}{\det A} = 1 \qquad x_2 = \frac{\det A_2(b)}{\det A} = 2 \qquad x_3 = \frac{\det A_1(b)}{\det A} = -1$$

Inversa de una matriz, Método de la Adjunta

La matriz inversa A^{-1} se puede encontrar calculando el determinante de todas las submatrices A_{ij} de A.

Inversa de una Matriz, Método de la Adjunta

La matriz adjunta de A, adj$A$, contiene los determinantes de las submatrices A_{ij}.

$$\text{adj } A = [a_{ij}] = (-1)^{i+j}|A_{ij}^T|$$

$$\text{adj } A = \begin{bmatrix} |A_{11}| & -|A_{12}| & \cdots & (-1)^{n+1}|A_{1n}| \\ -|A_{21}| & |A_{22}| & \cdots & (-1)^{n+2}|A_{2n}| \\ \vdots & \vdots & \vdots & \vdots \\ (-1)^{n+1}|A_{n1}| & (-1)^{n+2}|A_{n2}| & \cdots & (-1)^{n+n}|A_{nn}| \end{bmatrix}^T$$

Si $A_{n\times n}$ es una matriz invertible, entonces $\quad A^{-1} = \dfrac{1}{\det A} \text{adj}A$

Ejercicio 2: Calcule la inversa de la siguiente matriz utilizando el método de la adjunta.

$$A = \begin{bmatrix} 0 & 1 & 0 \\ 2 & 4 & 8 \\ 1 & 0 & 0 \end{bmatrix} \qquad \det A = -1 \begin{vmatrix} 2 & 8 \\ 1 & 0 \end{vmatrix} = 8 \qquad A \text{ es invertible}$$

$$\det A_{11} = \begin{vmatrix} 4 & 8 \\ 0 & 0 \end{vmatrix} = 0 \qquad \det A_{12} = \begin{vmatrix} 2 & 8 \\ 1 & 0 \end{vmatrix} = -8 \qquad \det A_{13} = \begin{vmatrix} 2 & 4 \\ 1 & 0 \end{vmatrix} = -4$$

$$\det A_{21} = \begin{vmatrix} 1 & 0 \\ 0 & 0 \end{vmatrix} = 0 \qquad \det A_{22} = \begin{vmatrix} 0 & 0 \\ 1 & 0 \end{vmatrix} = 0 \qquad \det A_{23} = \begin{vmatrix} 0 & 1 \\ 1 & 0 \end{vmatrix} = -1$$

$$\det A_{31} = \begin{vmatrix} 1 & 0 \\ 4 & 8 \end{vmatrix} = 8 \qquad \det A_{32} = \begin{vmatrix} 0 & 0 \\ 2 & 8 \end{vmatrix} = 0 \qquad \det A_{33} = \begin{vmatrix} 0 & 1 \\ 2 & 4 \end{vmatrix} = -2$$

$$\text{adj } A = \begin{bmatrix} 0 & 8 & -4 \\ 0 & 0 & 1 \\ 8 & 0 & -2 \end{bmatrix}^T \qquad A^{-1} = \frac{1}{8}\text{adj}A = \begin{bmatrix} 0 & 0 & 1 \\ 1 & 0 & 0 \\ -\frac{1}{2} & \frac{1}{8} & -\frac{1}{4} \end{bmatrix}$$

El método de la adjunta se utiliza para encontrar la inversa de una matriz 3×3.

$$A = \begin{bmatrix} a & b & c \\ d & e & f \\ g & h & i \end{bmatrix} \qquad A^{-1} = \frac{1}{\det A} \begin{bmatrix} ei - fh & bi - ch & bf - ce \\ dh - eg & ai - cg & af - cd \\ di - fg & ah - bg & ae - bd \end{bmatrix}$$

Ejercicios de Práctica

1. Calcule los determinantes de las siguientes matrices.

   a) $A = \begin{bmatrix} 2 & 3 & 0 \\ 2 & 0 & 2 \\ 0 & 3 & 2 \end{bmatrix}$

   c) $C = \begin{bmatrix} 0 & 1 & 2 \\ 0 & 4 & 2 \\ 2 & 1 & 0 \end{bmatrix}$

   b) $B = \begin{bmatrix} 9 & 8 & 7 \\ 6 & 5 & 4 \\ 3 & 2 & 1 \end{bmatrix}$

   d) $D = \begin{bmatrix} 1 & -1 & 1 \\ -1 & 1 & -1 \\ 1 & -1 & 1 \end{bmatrix}$

2. Calcule los determinantes expandiendo a lo largo de cualquier renglón o columna que parezca conveniente.

   a) $A = \begin{bmatrix} 2 & 4 & 0 & 8 \\ 0 & 1 & 2 & 4 \\ 0 & 2 & 0 & 0 \\ 1 & 4 & 8 & 0 \end{bmatrix}$

   c) $C = \begin{bmatrix} 1 & 8 & 0 & 8 & 1 \\ 2 & 3 & 0 & 3 & 2 \\ 0 & 0 & 1 & 0 & 0 \\ 6 & 2 & 0 & 2 & 6 \\ 1 & 8 & 0 & 8 & 1 \end{bmatrix}$

   b) $B = \begin{bmatrix} 0 & 0 & 0 & 1 \\ 0 & 0 & 1 & 2 \\ 0 & 1 & 2 & 4 \\ 1 & 2 & 4 & 8 \end{bmatrix}$

   d) $D = \begin{bmatrix} k & 0 & 0 & 0 & k \\ 0 & k & 0 & k & 0 \\ 0 & 0 & k & 0 & 0 \\ k & 0 & k & 0 & k \\ k & k & k & k & k \end{bmatrix}$

3. Utilice propiedades de los determinantes para evaluar el determinante dado por inspección. Explique su razonamiento.

   a) $\begin{vmatrix} 1 & 1 & 1 \\ 3 & 3 & 3 \\ 0 & 4 & 0 \end{vmatrix}$

   c) $\begin{vmatrix} 10 & 2 & 3 \\ 0 & 5 & 1 \\ 0 & 0 & 2 \end{vmatrix}$

   b) $\begin{vmatrix} 0 & 0 & 0 & 0 & 0 \\ 2k & k & 3k & k & 4k \\ k & k & k & 2k & k \\ k & -k & k & -k & k \\ k & k & k & k & k \end{vmatrix}$

   d) $\begin{vmatrix} 1 & 1 & 2 & 4 & 5 \\ 1 & 0 & 1 & 5 & 4 \\ 1 & 1 & 2 & 4 & 5 \\ 1 & 0 & 1 & 5 & 4 \\ 1 & 1 & 2 & 4 & 5 \end{vmatrix}$

4. Suponga que A y B son matrices 10×10 cuyos determinantes son -2 y 4. Utilice propiedades para encontrar los determinantes indicados.

   a) $\det(AB)$

   d) $\det(A^{-1}BA)$

   b) $\det(A^3)$

   e) $\det(2A^T)$

   c) $\det(A^TBA)$

   f) $\det(2B^{-1})$

5. Use la regla de Cramer para resolver el sistema lineal dado, a y b son constantes.

a) $\begin{array}{l} x + ay = 2 \\ x - ay = 4 \end{array}$, $\quad a \neq 0$

c) $\begin{array}{l} ax + 2y = 6 \\ bx + 2y = 8 \end{array}$, $\quad a \neq b$

b) $\begin{array}{l} x + y \quad = a \\ x + y + z = 0 \\ x - y \quad = b \end{array}$

d) $\begin{array}{l} x + y + az = 1 \\ x + \quad +az = 0 \\ x - ay \quad = 1 \end{array}$, $a \neq 0$

6. Utilice el método de la matriz adjunta para calcular la inversa de la matriz proporcionada, a y b son constantes.

a) $A = \begin{bmatrix} a & 1 \\ 1 & a \end{bmatrix}$, $\quad a \neq \pm 1$

c) $C = \begin{bmatrix} a & 2 \\ b & 2 \end{bmatrix}$, $\quad a \neq b$

b) $B = \begin{bmatrix} 1 & 1 & a \\ 1 & 0 & a \\ 1 & -a & 0 \end{bmatrix}$, $\quad a \neq \pm 0$

d) $D = \begin{bmatrix} 1 & -1 & 0 \\ 1 & 1 & 0 \\ 1 & 1 & 0.5 \end{bmatrix}$

9. Desigualdades Lineales con 2 variables [2] (7.1)

Suponga que un consumidor recibe un ingreso fijo de \$ 300 que utiliza por completo en la compra de dos productos A y B. Si los costos unitarios de A y B son de \$ 3 y \$ 6 respectivamente, el costo de adquirir x & y unidades de A y B son $3x + 6y = 300$, esta ecuación lineal es conocida como la **ecuación de presupuesto o restricción presupuestaria**.

Como no se pueden adquirir unidades negativas, tenemos que $x \geq 0$, $y \geq 0$.

La solución de esta ecuación da las posibles combinaciones de A y B que pueden adquirirse con \$ 300.

Hay soluciones infinitas $\begin{cases} x = 100 - 2t \\ \quad y = t \end{cases}$,

donde $0 \leqslant t \leqslant 50$ es un parámetro.

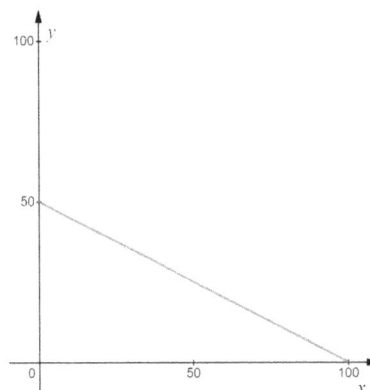

Por ejemplo, si se adquieren 20 unidades de B, se deben adquirir 60 unidades de A para gastar los $3(60) + 6(20) = \$300$.

Ahora suponga, que el consumidor no necesariamente desea gastar todos los \$ 300.

Las desigualdades $3x + 6y \leqslant 300$, $x \geqslant 0$, $y \geqslant 0$. describen todas las posibles combinaciones.

La gráfica de estas desigualdades es la región triangular debajo de la recta $x + 2y = 300$, arriba del eje-x, y a la derecha del eje-y.

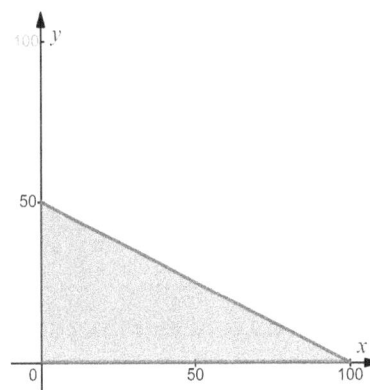

Una **desigualdad lineal** con las variables x & y tiene las siguientes formas:

$$ax + by \leqslant c$$
$$ax + by \geqslant c$$

Los coeficientes a, b, c son constantes reales.
Las desigualdades pueden ser estrictas $<, >$ ó débiles $\leqslant, \geqslant$.

La **solución de una desigualdad lineal** en x & y consiste de todos los puntos (x, y) ubicados en el plano cuyas coordenadas satisfacen dicha desigualdad.

En el ejemplo anterior, $3x + 6y \leqslant 300,\ x \geqslant 0,\ y \geqslant 0$.

Los puntos $(10, 20)$ y $(30, 10)$ son soluciones de estas desigualdades porque satisfacen

$$3(10) + 6(20) = 150 \leqslant 300$$
$$3(30) + 6(10) = 150 \leqslant 300$$

la desigualdad principal.   Además, todas sus coordenadas x & y son no negativas.

La solución a estas desigualdades consiste de todos los puntos (x, y) que se encuentran dentro de la región triangular con altura de 50 y ancho de 100.

Gráficas de Desigualdades

La gráfica de una recta no vertical $y = mx + b$ separa al plano en 2 regiones distintas.

1. La región ubicada por encima de la recta $y > mx + b$ es un "semiplano abierto."

2. El "semiplano abierto" debajo de la recta $y < mx + b$.

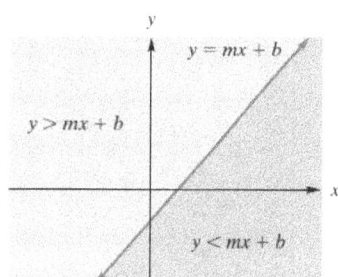

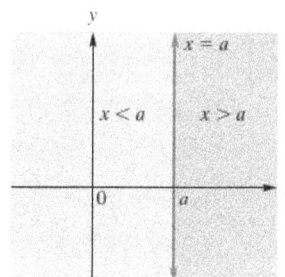

La gráfica de una recta vertical $x = a,$ también separa al plano en dos regiones distintas.

1. Un semiplano abierto a la izquierda $x < a$.

2. Un semiplano abierto a la derecha $x > a$.

Si se incluye la recta en la desigualdad,   como en $y \leqslant mx + b$ ó $y \geqslant mx + b,$ la región es un semiplano "cerrado," la línea sólida indica que la recta forma parte de la solución.

Si no se incluye la recta en la desigualdad,   como en $y < mx + b$ ó $y < mx + b,$ la línea punteada indica que la recta NO forma parte de la solución.

59

Ejercicio 1: Resuelva y grafique la desigualdad lineal $4(3x - y) < 4(x + y) - 8$.

Simplifique la desigualdad usando álgebra.

$$12x - 4y < 4x + 4y - 8$$
$$8x + 8 < 8y$$
$$x + 1 < y$$

Grafique la recta $y = 1 + x$,
La solución es la región arriba de la recta.

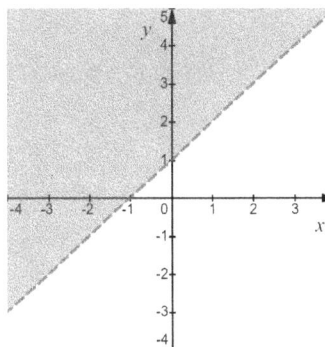

Sistemas de Desigualdades

La solución de un sistema de desigualdades consiste en todos los puntos cuyas coordenadas satisfacen de manera simultánea todas las desigualdades dadas.

Geométricamente, es la región en común para todas las regiones determinadas por las desigualdades dadas.

Ejercicio 2: Resuelva el siguiente sistema de desigualdades

$$y > 8 - 2x$$
$$y \leqslant 2x$$
$$y > 2$$

Primero, grafique las tres rectas.
Sólo la segunda desigualdad incluye a la recta.
La primera y la tercera usando líneas punteadas.

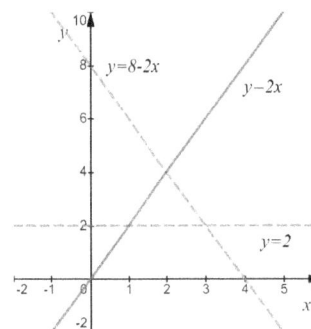

Segundo, identifique la región en común.

La región tiene 3 bordes y abre hacia la derecha.
Sólo el borde al norte es cerrado.
Tiene vértices en $(2, 4)$ y en $(3, 2)$.

Está debajo de la recta $y = 2x$.
Está encima de la recta horizontal $y = 2$.
Está encima de la recta $y = 8 - 2x$.

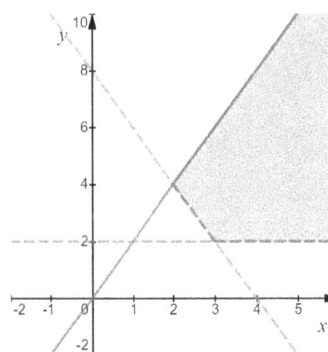

Ejercicios de Práctica

1. Resuelva y grafique los siguientes sistemas de desigualdades.

a) $\begin{cases} 3x - 2y \leqslant 6 \\ x - 3y > 9 \end{cases}$

c) $\begin{cases} 2x + y \geqslant 6 \\ x > y \\ y < 4x + 4 \end{cases}$

b) $\begin{cases} 3x + y \leqslant 6 \\ x + y \leqslant 6 \\ x \geqslant 0 \\ y \geqslant 0 \end{cases}$

2. Asus produce dos modelos de laptops, el modelo Vivobook de 15.6″ y el más compacto modelo Zenbook de 13.3″. Sea x el número de modelos Vivobook y y el número de modelos Zenbook. Cada día, se necesitan producir por lo menos 500 Vivobooks y 1000 Zenbook. La principal fábrica en Taiwan tiene un límite de producción de hasta 2000 laptops.

   a) Escriba un sistema de desigualdades que describan la situación de Asus.

   b) Grafique la región descita por este sistema de desigualdades.

3. Una cooperativa Navajo cuenta con 5 empleados que producen dos modelos de sillas con elaboración artesanal. El modelo Secuoya requiere de 6 horas de trabajo para ensamblarlo y 1 hora de trabajo para pintarlo. El modelo Saratoga requiere de 4 horas para ensamblarlo y 2 horas para pintarlo. El número máximo de horas de trabajo disponibles para ensamblar sillas es de 48 por día y el número máximo de horas de trabajo disponibles para pintar sillas es de 16. Crate & Barrel les pide por lo menos 4 modelos Secuoya cada día.

   a) Escriba un sistema de desigualdades que describan la situación.
   Asuma que x es el número de modelos Secuoya y que y es el número de modelos Saratoga.

   b) Grafique la región descrita por este sistema de desigualdades.

   c) Enumere todas las combinaciones enteras de sillas que se pueden producir.

10. Programación Lineal [2] (7.2)

Algunas veces se desea maximizar o minimizar una función sujeta a restricciones. Algunas de las restricciones son naturales como que las variables no pueden ser negativas y pueden haber condiciones adicionales expresadas como desigualdades lineales.

En un problema de optimización o programación lineal

- La **función objetivo:** es la función que debe ser maximizada o minimizada.

- La **región factible:** es el conjunto de todas las soluciones del sistema de desigualdades lineales. Generalmente, hay un número infinito de puntos factibles.

- El **objetivo del programa:** es encontrar un punto o puntos que optimicen el valor de la función objetivo.

- **Optimizar:** es encontrar el valor máximo o mínimo de la función objetivo.

- Si hay **restricciones de no negatividad:** las n variables de decisión no pueden tener valores negativos, $x_1, x_2, \cdots x_n \geqslant 0$.

Propiedad de un problema de programación lineal

Una función objetivo lineal y definida sobre una región factible **cerrada** tiene un valor máximo (y un valor mínimo) que puede hallarse en un vértice.

Ejercicio 1: Resuelva el siguiente problema.

Maximice	$U(x,y) = 4x + 6y$
Sujeta a:	$x, y \geqslant 0$
$R_1:$	$2x + y \leqslant 180$
$R_2:$	$x + 2y \leqslant 160$
$R_3:$	$x + y \leqslant 100$

a. Encuentre los puntos de intersección entre cada una de las rectas.

A. $(0,0)$ es la intersección entre $x = 0$ & $y = 0$.

B. $(0,80)$ es la intersección entre $x = 0$ & $y = 80 - \dfrac{x}{2}$.

C. $(40,60)$ es la intersección entre $x = 100 - y$ & $x = 160 - 2y$.

D. $(80,20)$ es la intersección entre $y = 100 - x$ & $y = 180 - 2x$.

E. $(90,0)$ es la intersección entre $y = 0$ & $y = 180 - 2x$.

Las otras cinco intersecciones están afuera de la región factible.

F. $(0, 100)$ no satisface R_2.

G. $(0, 180)$ no satisface ni R_2 ni R_3.

H. $\left(\dfrac{200}{3}, \dfrac{140}{3}\right)$ no satisface R_3.

I. $(100, 0)$ no satisface R_1.

J. $(160, 0)$ no satisface ni R_1 ni R_3.

b. Grafique la región factible.

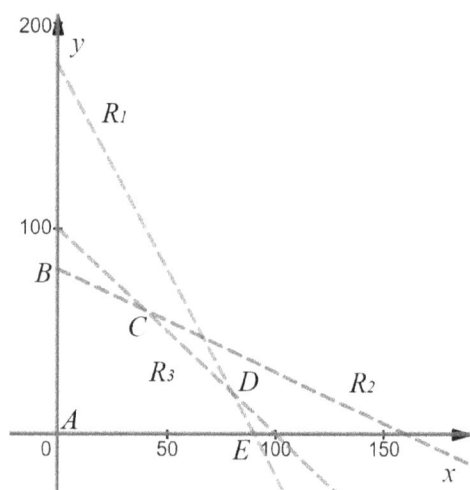

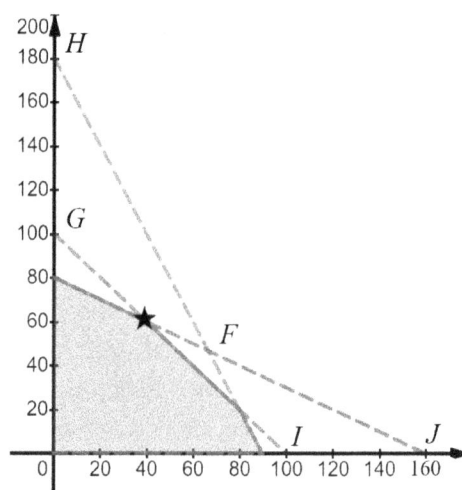

c. Encuentre el punto y el valor máximo de la utilidad sujeto a las restricciones.

Evalúe el valor de U en cada vértice.

A. $U(0, 0) = 4(0) + 6(0) = 0$

B. $U(0, 80) = 4(0) + 6(80) = 480$

C. $U(40, 60) = 4(40) + 6(60) = 520$ es el valor **MÁXIMO**.

D. $U(80, 20) = 4(80) + 6(20) = 440$

E. $U(90, 0) = 4(90) + 6(0) = 360$

El valor máximo de U es de 520 y se obtiene cuando $x = 40$, $y = 60$.

Ejercicio 2:   Asus produce dos modelos de laptops, el modelo Vivobook de 15.6″ que vende a $ 600 c.u. y el modelo más compacto Zenbook de 13.3″ a $700 c.u.   Sea x el número de modelos Vivobook y y el número de modelos Zenbook. Cada día, se necesitan producir por lo menos 500 Vivobooks y 1000 Zenbook. La principal fábrica en Taiwan tiene un límite de producción de hasta 2000 laptops.

a. *Escriba el problema de programación lineal de Asus.*

Sea x el número de Vivobooks & y el número de Zenbooks que se producen.

Maximice Ingreso:	$I(x, y) = 600x + 700y$
Producción Vivobook:	$x \geqslant 500$
Producción Zenbook:	$y \geqslant 1000$
Capacidad Producción:	$x + y \leqslant 2000$
No Negatividad:	$x, \, y \geqslant 0$

b. *Grafique la región factible.*

Grafique la recta vertical $x = 500$,   la recta horizontal $y = 1000$, y la recta $x + y = 2000$.

La región factible es el triángulo encerrado por las tres rectas.

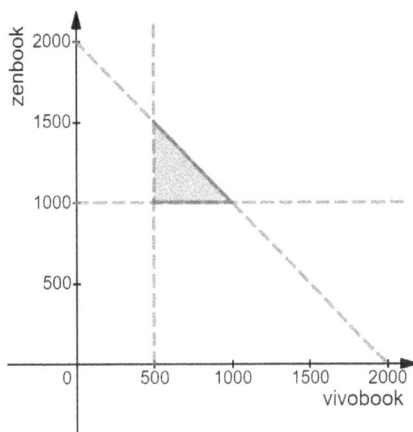

c. *¿Cuántas laptops de cada modelo se deben producir para maximizar los ingresos?*

El valor máximo está en uno de los vértices $(500, 1000)$, $(500, 1500)$ y $(1000, 1000)$.

Evaluando en cada vértice el ingreso máximo de 1.35 millones se obtiene cuando se producen 500 VivoBook y 1500 Zenbook.

$$I(500, 1000) = 600(500) + 700(1000) \; = \; 1,000,000$$
$$I(500, 1500) = 600(500) + 700(1500) \; = \; 1,350,000$$
$$I(1000, 1000) = 600(1000) + 700(1000) \; = \; 1,300,000$$

Ejercicio 3: La empresa Amazonia produce dos modelos de comedores exteriores con diseño casual. El modelo Coventry requiere de 4 horas de trabajo para ensamblarlo y 1 horas de trabajo para pintarlo y tiene una utilidad neta de $ 1,000 c.u.. El modelo Bahamas requiere de 2 horas para ensamblarlo y 2 horas para pintarlo con una utilidad neta de $ 700 c.u. El número máximo de horas de trabajo disponibles para ensamblar comedores es de 24 por día y para pintar sillas es de 12 horas. Crate & Barrel les pide 2 modelos Coventry diarios.

a. *Escriba el problema de programación lineal de Amazonia.*
   Asuma que x es el número de modelos Coventry y que y es el número de modelos Bahamas.

Maximice Utilidad:	$U(x, y) = 1000x + 700y$
Horas Ensamble:	$4x + 2y \leqslant 24$
Horas Pintado:	$x + 2y \leqslant 12$
Pedido Crate & Barrel:	$x \geqslant 2$
No Negatividad:	$x, \, y \geqslant 0$

b. *Grafique la región factible.*

Es el polígono encerrado por las rectas $y = 12 - 2x$, $y = 6 - 0.5x$, $x = 2$, $y = 0$.

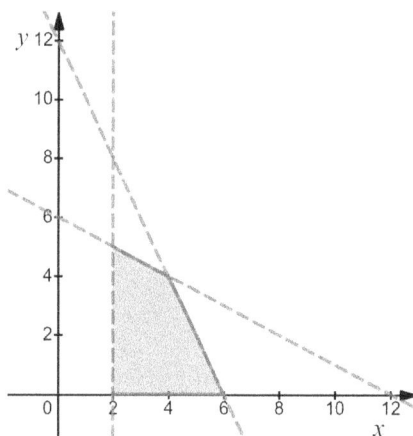

c. *Encuentre cuántas unidades de cada modelo se deben producir para maximizar la utilidad neta.*

El valor máximo está en uno de los vértices $(2, 0)$, $(6, 0)$, $(4, 4)$ y $(2, 5)$.

La utilidad máxima de $ 6,800 se obtiene produciendo 4 Coventry y 4 Bahamas.

$$U(2, 0) = 1000(2) + 700(0) \; = \; 2,000$$
$$U(6, 0) = 1000(6) + 700(0) \; = \; 6,000$$
$$U(4, 4) = 1000(4) + 700(4) \; = \; 6,800$$
$$U(2, 5) = 1000(2) + 700(5) \; = \; 5,500$$

Curvas de Nivel y Solución Gráfica de la Programación Lineal

> Si se fija el valor de la función objetivo $f(x, y) = ax + by = K$.
>
> La curva $ax + by = K$, conocida como **curva de nivel** o de "isovalor", proporciona todas las combinaciones posibles (x, y) con las que se obtiene un valor de K.

Algunas curvas de nivel tienen un número infinito de puntos dentro de la región factible, mientras que otras no tienen puntos de intersección con la región factible.

La idea del problema de programación lineal es encontrar la curva de nivel que esté más alejada del origen y que tenga al menos un punto en común con la región factible. La curva de nivel más alejada va tocar sólo uno o dos de los vértices de la región factible.

En el ejercicio 1,

La curva de nivel es $y = K - \frac{2}{3}x$.
$U = 360$ se encuentra dentro de la región factible.
Se puede aumentar U y continuar adentro de la región factible.

$U = 600$ se encuentra fuera de la región factible.
La solución óptima no puede ser $U = 600$.

$U = 520$ sólo interseca a un punto de la región.
La solución óptima ocurre en $(40, 60)$

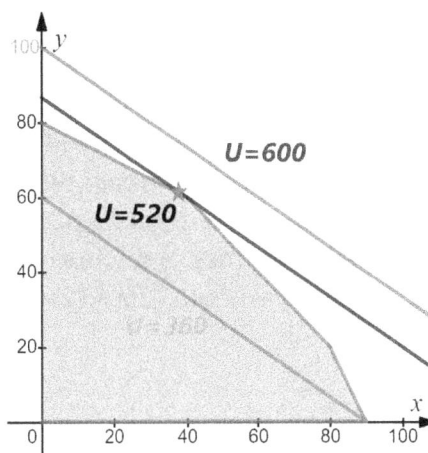

El método simplex

El problema de programación lineal se puede extender a varias variables.

- Las regiones factibles van a ser difíciles o imposibles de graficar, pero la solución se sigue encontrando en un vértice o vértices.

- El proceso de encontrar todos los vértices y evaluar la función objetivo es muy exhaustivo y se vuelve más complejo con más variables.

- El método simplex, basado en la Eliminación Gaussiana, es un algoritmo iterativo que encuentra la solución óptima en un número finito de pasos.

- El método simplex se encuentra en Solver de MS Excel y en varias rutinas de Python, R, Lingo, etc.

Ejercicios de Práctica

1. Zijin Mining Ltd. extrae paladio e iridio (dos metales preciosos con precios alrededor de $ 1,400 la onza) de dos canteras en Fujiang. En la tabla inferior se indica la cantidad de paladio e iridio (en onzas) que se pueden procesar en cada tonelada extraída en las canteras I y II junto con los costos de procesar cada tonelada (en $).

Mineral	Cantera 1	Cantera 2
Paladio	50	100
Iridio	100	80
Costo	$ 300	$ 400

La minera debe extraer por lo menos 14,000 onz. de paladio y 16,000 onz. de Iridio.

¿Cuántas toneladas x & y deben procesarse en cada cantera con el objetivo de minimizar el costo costo? ¿Cuál es el costo mínimo?

2. Una compañía fabrica y venden dos modelos de lámpara L1 y L2. Para su fabricación se necesita un trabajo manual de 20 minutos para el modelo L1 y de 30 minutos para el L2; y un trabajo de máquina de 20 minutos para el modelo L1 y de 10 minutos para L2. Se dispone para el trabajo manual de 120 horas al mes y para la máquina 80 horas al mes. Sabiendo que el beneficio por unidad es de Q15 y Q10 para L1 y L2, respectivamente, planificar la producción para obtener el máximo beneficio.

3. Con el comienzo del curso se va a lanzar unas ofertas de material escolar. la Librería El Progreso tiene en inventario 600 cuadernos, 480 carpetas y 800 bolígrafos y quiere ofrecer dos paquetes, empaquetándolo de dos formas distintas; el paquete Básico pondrá 2 cuadernos, 2 carpeta y 2 bolígrafos; y el paquete Intensivo pondrá 3 cuadernos, 1 carpeta y 5 bolígrafos. Los precios de cada paquete serán Q 50 y Q 70, respectivamente. ¿Cuántos paquetes le conviene poner de cada tipo para obtener el máximo beneficio?

4. Una dieta diaria para alimentar cerdos debe contener al menos 300 gramos de carbohidratos y 250 gramos de proteínas. Cada libra de concentrado a base de soya tiene 100 gramos de carbohidratos y 100 gramos de proteínas, mientras que cada libra de concentrado a base de maíz tiene 100 gramos de carbohidratos y 50 gramos de proteínas. Si el concentrado de soya cuesta Q6 por libra el concentrado de maíz cuesta Q4 por libra, ¿cuántas libras de cada concentrado deben adquirirse para obtener la dieta de costo mínimo para cada cerdo?

11. Recta de Mejor Ajuste [3] (7.3)

Encuentre una curva que *"mejor se ajuste"* a un conjunto de puntos de datos.

Supongamos que después de realizar un estudio se obtienen los puntos de datos $(1, 2)$, $(2, 2)$ y $(3, 4)$. Inicialmente, podemos asumir que los valores de x & y se pueden relacionar mediante una función lineal $y = a + bx$.

Si los tres puntos están sobre una recta tienen que satisfacer el sig. sistema de ecuaciones.

$$\begin{array}{l} a + b = 2 \\ a + 2b = 2 \\ a + 3b = 4 \end{array} \qquad \begin{bmatrix} 1 & 1 & | & 2 \\ 1 & 2 & | & 2 \\ 1 & 3 & | & 4 \end{bmatrix} \begin{array}{l} \\ R_2 - R_1 \\ R_3 - R_1 \end{array} \longrightarrow \begin{bmatrix} 1 & 1 & | & 2 \\ 0 & 1 & | & 0 \\ 0 & 2 & | & 2 \end{bmatrix} \begin{array}{l} R_1 - R_2 \\ \longrightarrow \\ R_3 - 2R_2 \end{array} \begin{bmatrix} 1 & 0 & | & 2 \\ 0 & 1 & | & 0 \\ 0 & 0 & | & 2 \end{bmatrix}$$

Como el sistema es inconsistente, una recta no puede pasar por los tres puntos.

Objetivo: Encuentre una recta que llegue a pasar tan cerca como sea posible a los puntos.

El error e_i es la distancia vertical desde cada punto hasta la recta. El vector de error es:

$$\mathbf{e} = \begin{bmatrix} e_1 \\ e_2 \\ e_3 \end{bmatrix}$$

Utilice la norma euclidiana y escoja la recta que minimice la magnitud del vector de error.

$$|\mathbf{e}| = \sqrt{e_1^2 + e_2^2 + e_3^2}$$

El escalar $|\mathbf{e}|$ se denomina el **error de mínimos cuadrados.**

Para este problema en particular el vector de error es:

$$\mathbf{e} = \begin{bmatrix} e_1 \\ e_2 \\ e_3 \end{bmatrix} = \begin{bmatrix} y_1 - a - bx_1 \\ y_2 - a - bx_2 \\ y_3 - a - bx_3 \end{bmatrix}$$

Ejercicio 1: Dados los puntos $P(1, 2)$, $Q(2, 2)$ y $R(3, 4)$.

a. Encuentre las ecuaciones de la rectas que pasan por los siguientes puntos.

   a) Entre el punto P y el punto Q.

   $$m = \frac{2 - 2}{2 - 1} = 0 \qquad\qquad y_1 = 2 + 0 \cdot x = 2$$

   b) Entre el punto P y el punto R.

   $$m = \frac{4 - 2}{3 - 1} = 1 \qquad\qquad y_2 = 2 + (x - 1) = 1 + x$$

c) Entre el punto Q y el punto R.

$$m = \frac{4-2}{3-2} = 2 \qquad\qquad y_3 = 2 + 2(x-2) = 2x - 2$$

b. Encuentre el error de mínimos cuadrados utilizando cada recta y también $y_4 = \frac{2}{3} + x$.

x	y	y_1	y_2	y_3	y_4	ϵ_1^2	ϵ_2^2	ϵ_3^2	ϵ_4^2
1	2	2	2	0	$\frac{5}{3}$	0	0	4	$\frac{1}{9}$
2	2	2	3	2	$\frac{8}{3}$	0	1	0	$\frac{4}{9}$
3	4	2	4	4	$\frac{11}{3}$	4	0	0	$\frac{1}{9}$
Mínimos Cuadrados			ϵ_1^2	$+\epsilon_2^2$	$+\epsilon_3^2$	4	1	4	$\frac{6}{9}$

La recta y_4 produce el error de mínimos cuadrados más pequeño entre estas cuatro rectas a pesar de que no pasa por ninguno de los tres puntos.

Recta de Aproximación Mínimos Cuadrados

Dados n puntos de datos $(x_1, y_1), (x_2, y_2), \cdots , (x_n, y_n)$ y una recta $y = c_0 + c_1 x$, el vector de error es la diferencia entre los valores actuales $\vec{y}$ y los aproximados $c_0 + c_1 \vec{x}$.

$$\mathbf{e} = \vec{y} - (c_o \vec{1} + c_1 \vec{x})$$

Construya el sistema de n ecuaciones lineales.

$$\begin{array}{l} c_0 + c_1 x_1 = y_1 \\ c_o + c_1 x_2 = y_2 \\ \vdots \\ c_o + c_1 x_n = y_n \end{array} \qquad \begin{bmatrix} 1 & x_1 \\ 1 & x_2 \\ \vdots & \vdots \\ 1 & x_n \end{bmatrix} \begin{bmatrix} c_0 \\ c_1 \end{bmatrix} = \begin{bmatrix} y_1 \\ y_2 \\ \vdots \\ y_n \end{bmatrix} \qquad A\bar{c} = \vec{y}$$

A menos que los n puntos sean colineales, el sistema de ecuaciones $n \times 2$: $A\vec{c} = \vec{y}$ es inconsistente y sólo se puede encontrar una mejor aproximación a la solución de $A\vec{c} = \vec{y}$.

Recta de Aproximación Mínimos Cuadrados

La recta $\bar{y} = c_o + c_1 x$ que minimiza la suma de errores al cuadrados $\sum\limits_{i=1}^{n} e_i^2$ se conoce como la **recta de mejor ajuste**.

El vector de coeficientes de la recta que minimiza el error se denota como $\bar{c} = \begin{bmatrix} c_o \\ c_1 \end{bmatrix}$.

Se necesita encontrar el vector $\bar{c}$ que minimice el error $|\mathbf{e}| = A\bar{c} - \vec{y}$.

$$A^T \mathbf{e} = \mathbf{0}$$
$$A^T(\vec{y} - A\bar{c}) = \mathbf{0}$$
$$A^T\vec{y} - A^T A\bar{c} = \mathbf{0}$$
$$A^T A\bar{c} = A^T\vec{y}$$

Teorema de Mínimos Cuadrados

Sea A una matriz $n \times m$ con n columnas independientes y $\mathbf{b} \in \mathbb{R}^n$, entonces

- La matriz simétrica $A^T A$ es invertible.

- Los coeficientes de la recta $\bar{y} = c_0 + c_1 x$ de mejor aproximación se obtienen al resolver la **ecuación normal**: $A^T A\bar{c} = \vec{y}$.

Ejercicio 2: Encuentre la recta de mejor aproximación $y = c_o + c_1 x$ que pasa por los puntos $(1, 2)$, $(2, 2)$, y $(3, 4)$.

Obtenga el sistema de ecuaciones: $A\bar{c} = \mathbf{b}$. A tiene una columna de unos y otra columna con los valores de x, $\mathbf{b}$ tiene los valores de y.

$$A = \begin{bmatrix} 1 & 1 \\ 1 & 2 \\ 1 & 3 \end{bmatrix}, \qquad \vec{b} = \begin{bmatrix} 2 \\ 2 \\ 4 \end{bmatrix}$$

Obtenga las ecuaciones normales.

$$A^T A = \begin{bmatrix} 1 & 1 & 1 \\ 1 & 2 & 3 \end{bmatrix} \begin{bmatrix} 1 & 1 \\ 1 & 2 \\ 1 & 3 \end{bmatrix} = \begin{bmatrix} 3 & 6 \\ 6 & 14 \end{bmatrix}$$

$$A^T\vec{b} = \begin{bmatrix} 1 & 1 & 1 \\ 1 & 2 & 3 \end{bmatrix} \begin{bmatrix} 2 \\ 2 \\ 4 \end{bmatrix} = \begin{bmatrix} 8 \\ 18 \end{bmatrix}$$

Resuelva el sistema de ecuaciones: $A^T A\bar{x} = A^T\vec{b}$.

$$\begin{bmatrix} 3 & 6 & | & 8 \\ 6 & 14 & | & 18 \end{bmatrix} \underset{R_2 - 2R_1}{\longrightarrow} \begin{bmatrix} 3 & 6 & | & 8 \\ 0 & 2 & | & 2 \end{bmatrix} \underset{0.5R_2}{\overset{R_1 - 3R_2}{\longrightarrow}} \begin{bmatrix} 3 & 0 & | & 2 \\ 0 & 1 & | & 1 \end{bmatrix} \qquad \begin{matrix} c_0 = 2/3 \\ c_1 = 1 \end{matrix}$$

La recta de mejor aproximación (ajuste) es: $\quad y = \frac{2}{3} + x$.

Ejercicio 3: Encuentre la recta de mejor aproximación $y = c_o + c_1x$ *para los siguientes datos. Encuentre el error de mínimos cuadrados para la recta de mejor ajuste.*

a. $(-1, 7)$, $(0, -3)$ y $(1, -7)$

Obtenga el sistema de ecuaciones $A\bar{c} = \vec{y}$.

$$\begin{bmatrix} 1 & -1 \\ 1 & 0 \\ 1 & 1 \end{bmatrix} \begin{bmatrix} c_0 \\ c_1 \end{bmatrix} = \begin{bmatrix} 7 \\ -3 \\ -7 \end{bmatrix}$$

Obtenga las ecuaciones normales.

$$A^T A = \begin{bmatrix} 1 & 1 & 1 \\ -1 & 0 & 1 \end{bmatrix} \begin{bmatrix} 1 & -1 \\ 1 & 0 \\ 1 & 1 \end{bmatrix} = \begin{bmatrix} 3 & 0 \\ 0 & 2 \end{bmatrix}, \qquad A^T \vec{y} = \begin{bmatrix} 1 & 1 & 1 \\ -1 & 0 & 1 \end{bmatrix} \begin{bmatrix} 7 \\ -3 \\ -7 \end{bmatrix} = \begin{bmatrix} -3 \\ -14 \end{bmatrix}$$

El sistema es diagonal y la solución es: $c_0 = -\dfrac{3}{3} = -1$, $c_1 = -\dfrac{14}{2} = -7$.

La recta de mejor ajuste es: $y = -1 - 7x$.

Error mínimos cuadrados: $|\mathbf{e}| = \left\| \begin{bmatrix} 7 \\ -3 \\ -7 \end{bmatrix} - \begin{bmatrix} 6 \\ -1 \\ -8 \end{bmatrix} \right\| = \sqrt{1^2 + (-2)^2 + 1^2} = \sqrt{6}$

b. $(0, -6)$, $(2, 3)$ y $(4, 6)$

Construya el sistema de ecuaciones $A\bar{c} = \vec{y}$.

$$A = \begin{bmatrix} 1 & 0 \\ 1 & 2 \\ 1 & 4 \end{bmatrix}, \qquad \vec{y} = \begin{bmatrix} -6 \\ 3 \\ 6 \end{bmatrix}$$

Obtenga las ecuaciones normales $A^T A \bar{c} = \vec{y}$.

$$A^T A = \begin{bmatrix} 1 & 1 & 1 \\ 0 & 2 & 4 \end{bmatrix} \begin{bmatrix} 1 & 0 \\ 1 & 2 \\ 1 & 4 \end{bmatrix} = \begin{bmatrix} 3 & 6 \\ 6 & 20 \end{bmatrix}, \qquad A^T \vec{y} = \begin{bmatrix} 1 & 1 & 1 \\ 0 & 2 & 4 \end{bmatrix} \begin{bmatrix} -6 \\ 3 \\ 6 \end{bmatrix} = \begin{bmatrix} 3 \\ 30 \end{bmatrix}$$

Resuelva el sistema.

$$\begin{bmatrix} 3 & 6 & | & 3 \\ 6 & 20 & | & 30 \end{bmatrix} \begin{array}{c} R_1/3 \\ R_2 - R_1 \end{array} \begin{bmatrix} 1 & 2 & | & 1 \\ 0 & 8 & | & 24 \end{bmatrix} \begin{array}{c} R_1 - R_2/4 \\ R_2/3 \end{array} \begin{bmatrix} 1 & 0 & | & -5 \\ 0 & 1 & | & 3 \end{bmatrix}$$

La recta de mejor ajuste es $y = -5 + 3x$.

Error mínimos cuadrados: $|\mathbf{e}| = |\vec{y} - \bar{y}|$

x	$\vec{y}$	$\bar{y}$	Error
0	-6	-5	-1
2	3	1	2
4	6	7	-1
$|\mathbf{e}|$			$\sqrt{6}$

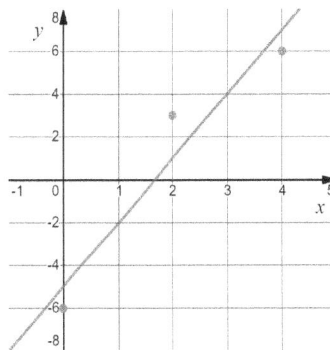

c. $(-5, -3)$, $(0, -1)$, $(5, 4)$ y $(10, 12)$

Obtenga el sistema de ecuaciones $A\bar{c} = \vec{y}$.

$$\begin{bmatrix} 1 & -5 \\ 1 & 0 \\ 1 & 5 \\ 1 & 10 \end{bmatrix} \begin{bmatrix} c_0 \\ c_1 \end{bmatrix} = \begin{bmatrix} -3 \\ -1 \\ 4 \\ 12 \end{bmatrix}$$

Obtenga las ecuaciones normales.

$$A^T A = \begin{bmatrix} 1 & 1 & 1 & 1 \\ -5 & 0 & 5 & 10 \end{bmatrix} \begin{bmatrix} 1 & -5 \\ 1 & 0 \\ 1 & 5 \\ 1 & 10 \end{bmatrix} = \begin{bmatrix} 4 & 10 \\ 10 & 150 \end{bmatrix}$$

$$A^T \vec{y} = \begin{bmatrix} 1 & 1 & 1 & 1 \\ -5 & 0 & 5 & 10 \end{bmatrix} \begin{bmatrix} -3 \\ -1 \\ 4 \\ 12 \end{bmatrix} = \begin{bmatrix} 12 \\ 155 \end{bmatrix}$$

Resuelva el sistema de ecuaciones.

$$\begin{bmatrix} 4 & 10 & | & 12 \\ 10 & 150 & | & 155 \end{bmatrix} \begin{matrix} R_1/4 \\ R_2 - 2.5R_1 \end{matrix} \begin{bmatrix} 1 & 2.5 & | & 3 \\ 0 & 125 & | & 125 \end{bmatrix} \begin{matrix} R_1 - R_2/50 \\ R_2/125 \end{matrix} \begin{bmatrix} 1 & 0 & | & 0.5 \\ 0 & 1 & | & 1 \end{bmatrix}$$

La recta de mejor ajuste es: $\bar{y} = -0.5 + x$.

El error de mínimos cuadrados con esta recta es:
$|\mathbf{e}| = |\vec{y} - \bar{y}|$.

x_i	$\vec{y}_i$	$\bar{y}_i$	$\mathbf{e}_i$
-5	-3	-4.5	1.5
0	-1	0.5	-1.5
5	4	4.5	-1.5
10	12	10.5	1.5
$|\mathbf{e}|$			$\sqrt{9} = 3$

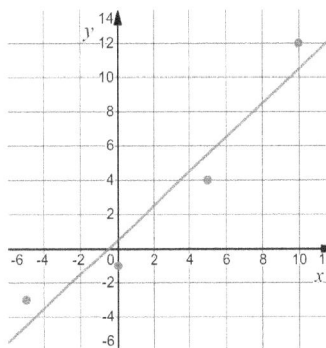

Ejercicios de Práctica

1. **Recta de mejor ajuste**

   Encuentre la aproximación lineal por mínimos cuadrados para los puntos dados y calcule el correspondiente error de mínimos cuadrados.

   a) $(1, 0), (2, 1), (3, 5)$

   b) $(1, 1), (2, 3), (3, 4), (4, 5), (5, 7)$

2. En la siguiente tabla se muestra la expectativa de vida (en años) de personas nacidas en Estados Unidos en el año proporcionado.

Año de nacimiento (x)	1920	1930	1940	1950	1960	1970	1980	1990
Expectativa de vida (y)	54.1	59.7	62.9	68.2	69.7	70.8	73.7	75.4

   a) Determine la recta de aproximación por mínimos cuadrados de estos datos.

   b) Grafique la recta de aproximación y el conjunto de datos.

   c) Explique si la recta pasa cerca de todos los datos y si es buen modelo.

   d) Utilice el modelo para predecir la expectativa de vida de EEUU en el año 2000. Calcule el error si el dato actual para el año 2000 fue de 76.6 años.

12. Ajuste de Curvas [3] (7.4)

Dado un conjunto de datos, se puede encontrar una parábola o polinomio de mejor ajuste si se observa que los puntos parecen trazar una curva diferente a una línea recta.

Definición: Polinomio de Mejor Aproximación

Dados n puntos (x_1, y_1), (x_2, y_2), $\cdots$, (x_n, y_n), el polinomio de grado k

$$\bar{P}(x) = c_o + c_1 x + c_2 x^2 + \cdots + c_k x^k$$

que minimiza el error de mínimos cuadrados se conoce como el **polinomio de grado k de mejor aproximación**.

Derivación Modelo Mínimos Cuadrados

Si los n datos están sobre el polinomio $\bar{P}(x)$ se obtiene el siguiente sistema de n ecuaciones lineales con $k + 1$ incógnitas.

$$c_0 + c_1 x_1 + c_2 x_1^2 + \cdots + c_k x_1^k = y_1$$
$$c_0 + c_1 x_2 + c_2 x_2^2 + \cdots + c_k x_2^k = y_2$$
$$c_0 + c_1 x_3 + c_2 x_3^2 + \cdots + c_k x_3^k = y_3$$
$$\vdots = \vdots$$
$$\underbrace{c_0 + c_1 x_n + c_2 x_n^2 + \cdots + c_k x_n^k}_{A\bar{c}} = \underbrace{y_n}_{\mathbf{y}}$$

Este sistema se puede expresar en la forma matricial $A_{n\times(k+1)}\bar{c}_{(k+1)\times 1} = \mathbf{y}_{n\times 1}$, donde

$$A = \begin{bmatrix} 1 & x_1 & x_1^2 & \cdots & x_1^k \\ 1 & x_2 & x_2^2 & \cdots & x_2^k \\ \vdots & \vdots & \vdots & & \vdots \\ 1 & x_n & x_n^2 & \cdots & x_n^k \end{bmatrix}, \qquad \bar{c} = \begin{bmatrix} c_0 \\ c_1 \\ \vdots \\ c_k \end{bmatrix}, \qquad \mathbf{y} = \begin{bmatrix} y_1 \\ y_2 \\ \vdots \\ y_n \end{bmatrix}$$

Este sistema de con más n ecuaciones que $k + 1$ variables es inconsistente y sólo se puede obtener la mejor aproximación por medio de mínimos cuadrados.

Multiplique el sistema por A^T para obtener las ecuaciones normales.

$$A^T A \bar{c} = A^T \mathbf{y}$$

Si las $n + 1$ columnas de A son LI, entonces $(A^T A)_{(k+1)\times(k+1)}$ es invertible.

Los coeficientes $\bar{c}$ del polinomio de grado k son:

$$\bar{c} = (A^T A)^{-1} A^T \mathbf{y}$$

74

Polinomio de Mejor Aproximación

Dados n puntos (x_1, y_1), (x_2, y_2), $\cdots$, (x_n, y_n), los coeficientes del polinomio de grado k de mejor aproximación

$$\bar{P}(x) = c_o + c_1 x + c_2 x^2 + \cdots + c_k x^k$$

se obtienen al resolver las ecuaciones normales $A^T A \vec{c} = A^T \mathbf{y}$.

A es la matriz de coeficientes de las variables independientes y el vector $\mathbf{y}$ contiene la variable dependiente.

Ejercicio 1: Encuentre la parábola que ofrece la mejor aproximación por mínimos cuadrados para los puntos dados. Calcule el error de mínimos cuadrados.

a. $(-2, 0)$, $(-1, 3.5)$, $(0, 4)$, $(1, 2.5)$ y $(2, 0)$

El sistema de ecuaciones es:

$$\begin{bmatrix} 1 & -2 & 4 \\ 1 & -1 & 1 \\ 1 & 0 & 0 \\ 1 & 1 & 1 \\ 1 & 2 & 4 \end{bmatrix} \begin{bmatrix} c_o \\ c_1 \\ c_2 \end{bmatrix} = \begin{bmatrix} 0 \\ 3.5 \\ 4 \\ 2.5 \\ 0 \end{bmatrix}$$

Construya las ecuaciones normales: $A^T A \bar{c} = A^T \vec{y}$.

$$A^T A = \begin{bmatrix} 1 & 1 & 1 & 1 & 1 \\ -2 & 1 & 0 & 1 & 4 \\ 4 & 1 & 0 & 1 & 4 \end{bmatrix} \begin{bmatrix} 1 & 4 & 16 \\ 1 & 1 & 1 \\ 1 & 0 & 0 \\ 1 & 1 & 1 \\ 1 & 4 & 16 \end{bmatrix} = \begin{bmatrix} 5 & 0 & 10 \\ 0 & 10 & 0 \\ 10 & 0 & 34 \end{bmatrix}$$

$$A^T \vec{y} = \begin{bmatrix} 1 & 1 & 1 & 1 & 1 \\ -2 & 1 & 0 & 1 & 4 \\ 4 & 1 & 0 & 1 & 4 \end{bmatrix} \begin{bmatrix} 0 \\ 3.5 \\ 4 \\ 2.5 \\ 0 \end{bmatrix} = \begin{bmatrix} 10 \\ -1 \\ 6 \end{bmatrix}$$

Resuelva el sistema de ecuaciones:

$$\begin{bmatrix} 5 & 0 & 10 & | & 10 \\ 0 & 10 & 0 & | & -1 \\ 10 & 0 & 34 & | & 6 \end{bmatrix} \begin{matrix} \frac{1}{5}R_1 \\ \frac{1}{10}R_2 \\ R_3 - 2R_1 \end{matrix} \begin{bmatrix} 1 & 0 & 2 & | & 2 \\ 0 & 1 & 0 & | & -0.1 \\ 0 & 0 & 14 & | & -14 \end{bmatrix} \begin{matrix} R_1 - \frac{1}{7}R_3 \\ \longrightarrow \\ \frac{1}{14}R_3 \end{matrix} \begin{bmatrix} 1 & 0 & 0 & | & 4 \\ 0 & 1 & 0 & | & -0.1 \\ 0 & 0 & 1 & | & -1 \end{bmatrix}$$

La parábola de mejor ajuste es:

$$\bar{y} = 4 - 0.1x - x^2$$

x	$\vec{y}$	$\bar{y}$	$\mathbf{e}$
-2	0	0.2	-0.2
-1	3.5	3.1	0.4
0	4	4	0
1	2.5	2.9	-0.4
2	0	-0.2	0.2
		$|\mathbf{e}| =$	$0.1\sqrt{40}$

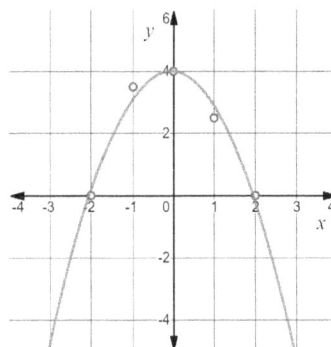

El error de MCs es: $|\mathbf{e}| = 0.2\sqrt{10}$.

b. $(-2,3)$, $(0,-1)$, $(2,3)$ y $(4,7)$

Construya el sistema de ecuaciones: $A = \begin{bmatrix} \vec{1} & X & X^2 \end{bmatrix} \bar{c} = \vec{y}$.

Construya las ecuaciones normales: $A^T A \bar{c} = A^T \vec{y}$.

$$A^T A = \begin{bmatrix} 1 & 1 & 1 & 1 \\ -2 & 0 & 3 & 4 \\ 4 & 0 & 9 & 16 \end{bmatrix} \begin{bmatrix} 1 & -2 & 4 \\ 1 & 0 & 0 \\ 1 & 3 & 9 \\ 1 & 4 & 16 \end{bmatrix} = \begin{bmatrix} 4 & 5 & 9 \\ 5 & 29 & 83 \\ 29 & 83 & 353 \end{bmatrix}$$

$$A^T \vec{y} = \begin{bmatrix} 1 & 1 & 1 & 1 \\ -2 & 0 & 3 & 4 \\ 4 & 0 & 9 & 16 \end{bmatrix} \begin{bmatrix} 3 \\ -1 \\ 3 \\ 7 \end{bmatrix} = \begin{bmatrix} 12 \\ 52 \\ 382 \end{bmatrix}$$

La solución del sistema de ecuaciones es: $x^{-1} = (A^T A)^{-1} A^T \vec{y} = \begin{bmatrix} 0.2 \\ -0.2 \\ 0.5 \end{bmatrix}$.

La parábola de mejor ajuste es:

$$\bar{y} = 0.2 - 0.2x + 0.5x^2$$

x	$\vec{y}$	$\bar{y}$	$\mathbf{e}$
-2	3	2.6	0.4
0	-1	0.2	-1.2
2	3	1.8	1.2
4	7	7.4	-0.4
		$|\mathbf{e}| =$	$0.4\sqrt{11}$

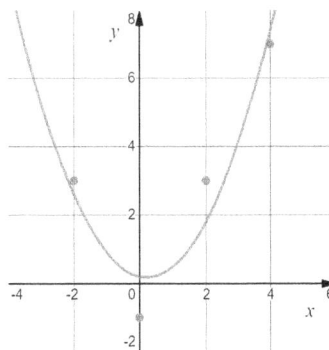

El error de MCs es: $|\mathbf{e}| = 0.4\sqrt{11}$.

13.   Funciones Trigonométricas [1] (1)

Triángulo Rectángulo

Un triángulo es una figura geométrica con tres lados y 3 ángulos.
La suma de sus ángulos internos es igual a $180°$.

Un triángulo rectángulo tiene uno de sus ángulos iguales a $90°$.

La **hipotenusa** (H) es el lado más largo del triángulo rectángulo.

Los otros dos lados se llaman **catetos.**

El cateto opuesto (CO) está enfrente del ángulo θ.

El cateto adyacente (CA) está pegado al ángulo θ.

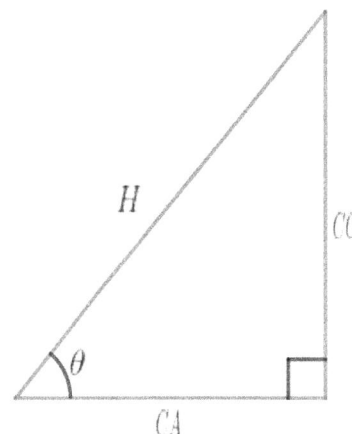

Circunferencia

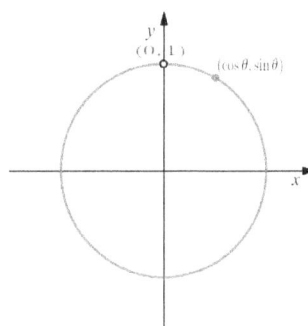

La circunferencia es una curva que contiene todos los puntos $P(x, y)$ que se encuentran a una misma distancia, llamada radio r, de un punto $Q(h, k)$, llamado centro. Usualmente el centro de una circunferencia se encuentra en el origen $(0, 0)$.

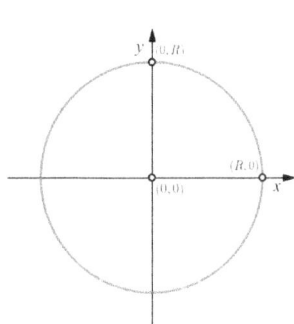

Circunferencia de radio R centrada en (0,0)

$$x^2 + y^2 = R^2$$

Circunferencia de radio r Circunferencia unitaria

- El perímetro de una circunferencia es de $P = 2\pi r$ y el área de un círculo es $A = \pi r^2$.

- El número π es un número irracional cuyo valor es approx. $3.141592653 \cdots$

- Una circunferencia de radio 1, $x^2 + y^2 = 1$ se conoce como **circunferencia unitaria.**

- Se utiliza para encontrar los valores de coseno $x = \cos\theta$ y seno $y = \sin\theta$.

Funciones Trigonométricas

Se definen utilizando los lados de un triángulo rectángulo.

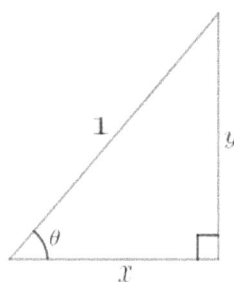

Seno: $\quad \sin\theta = \dfrac{CO}{H}$ $\qquad$ Cosecante: $\quad \csc\theta = \dfrac{H}{CO}$

Coseno: $\quad \cos\theta = \dfrac{CA}{H}$ $\qquad$ Secante: $\quad \sec\theta = \dfrac{H}{CA}$

Tangente: $\quad \cos\theta = \dfrac{CO}{CA}$ $\qquad$ Cotangente: $\quad \cot\theta = \dfrac{CA}{CO}$

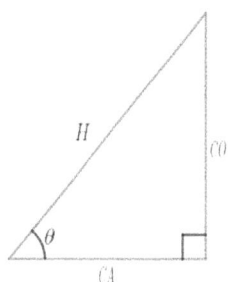

Triángulo Rectángulo $\qquad\qquad$ Triángulo Unitario

Las funciones trigonométricas también se llaman **funciones circulares** porque se pueden definir utilizando la circunferencia unitaria.

Utilice un triángulo rectángulo con hipotenusa 1, cateto adyacente x, y cateto opuesto y.

$$\sin\theta = \frac{CO}{H} = y \qquad\qquad \cos\theta = \frac{CA}{H} = x$$

Sustituya seno y coseno en $x^2 + y^2 = 1$, para obtener la sig. **Identidad Trigonométrica**:

Identidad Trigonométrica Fundamental

$$\cos^2\theta + \sin^2\theta = 1$$

Medición del Ángulo en Radianes

Los ángulos usualmente se miden en grados (desde $0°$ hasta $360°$), el ángulo de $360°$ recorre toda la circunferencia. La longitud de toda la circunferencia es igual al perímetro $L = 2\pi R$.

Un ángulo medido en radianes se define como la longitud de un segmento de la circunferencia L entre el radio de la circunferencia R.

$$\theta = \frac{L}{r}$$

El ángulo θ (en radianes) de toda una circunferencia es:

$$\theta = \frac{2\pi R}{R} = 2\pi$$

Por lo que 2π radianes son iguales a 360°.

1 radian es aproximadamente igual a $\quad 1 = \frac{360}{2\pi} = \frac{180}{\pi} \approx 57.296°$

Como 180 grados son igual a π radianes se pueden utilizar las siguientes ecuaciones lineales para pasar un ángulo de grados a radianes y viceversa.

$$\theta_{rad} = \frac{\pi}{180}\theta_{grad} \qquad\qquad \theta_{grad} = \frac{180}{\pi}\theta_{rad}$$

Ángulos Especiales de Seno y Coseno

En la siguiente tabla se muestran ángulos comúnmente usados en grados y en radianes.

grados	0	30°	45°	60°	90°	180°	270°	360°
radianes	0	$\frac{\pi}{6}$	$\frac{\pi}{4}$	$\frac{\pi}{3}$	$\frac{\pi}{2}$	π	$\frac{3\pi}{2}$	2π

Los valores de seno y coseno se pueden encontrar de manera exacta para estos ángulos utilizando la mitad de un triángulo equilátero (lados iguales) de lado 2 y un triángulo isósceles (sólo dos lados iguales) con catetos iguales a 1.

x	0	$\frac{\pi}{6}$	$\frac{\pi}{4}$	$\frac{\pi}{3}$	$\frac{\pi}{2}$
$\sin x$	0	$\frac{1}{2}$	$\frac{\sqrt{2}}{2}$	$\frac{\sqrt{3}}{2}$	1
$\cos x$	1	$\frac{\sqrt{3}}{2}$	$\frac{\sqrt{2}}{2}$	$\frac{1}{2}$	0

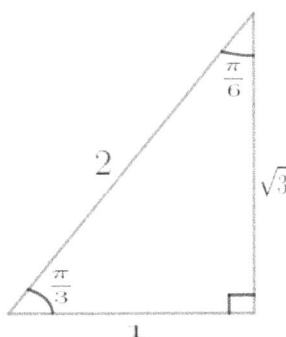

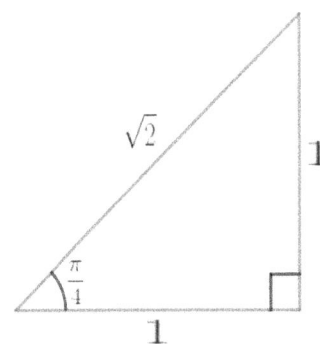

Los valores de seno y coseno para múltiplos de 90° $\left(\frac{\pi}{2} \, rad\right)$ son:

$$\sin(0) = \sin(\pi) = 0 \qquad \sin\left(\frac{\pi}{2}\right) = 1 \qquad \sin\left(\frac{3\pi}{2}\right) = -1$$

$$\cos\left(\frac{\pi}{2}\right) = \cos\left(\frac{3\pi}{2}\right) = 0 \qquad \cos\left(0\right) = 1 \qquad \cos\left(\pi\right) = -1$$

Con la circunferencia unitaria $x^2 + y^2 = 1$ y la identidad trigonométrica $\cos^2\theta + \sin^2\theta = 1$
se encuentran los valores de coseno, $x = \cos\theta$, y los valores de seno, $y = \sin\theta$.

Función Seno

Dominio: $\mathbb{R}$

Rango: $[-1, 1]$

Ceros: $0, \pm\pi, \pm 2\pi, \cdots$

Observe que la gráfica de la función seno se repite cada 2π grados.

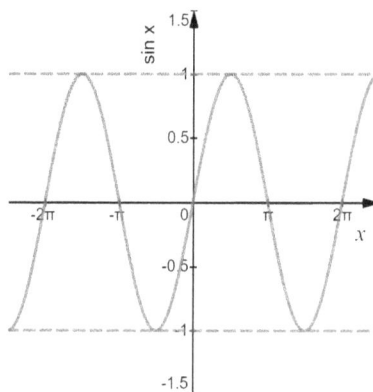

Función Coseno

La gráfica de coseno es la gráfica de seno desplazada $\dfrac{\pi}{2}$ radianes a la izquierda.

$$\sin\left(x + \frac{\pi}{2}\right) = \cos x$$

Dominio: $\mathbb{R}$

Rango: $[-1, 1]$

Ceros: $\pm\dfrac{\pi}{2}, \pm\dfrac{3\pi}{2}, \cdots$

La gráfica de coseno también se repite cada 2π grados.

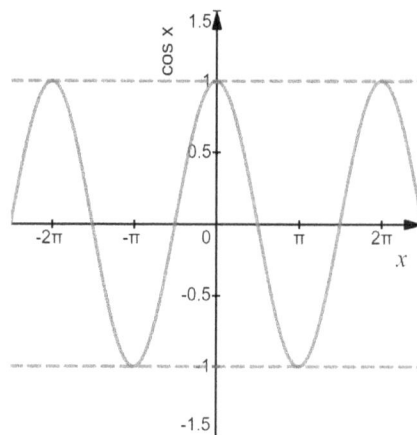

Función Tangente

Definición:	$\tan x = \dfrac{\sin x}{\cos x}$
Dominio:	$\mathbb{R} - \left\{ \pm\frac{\pi}{2}, \pm\frac{3\pi}{2}, \cdots \right\}$
Rango:	$(-\infty, \ \infty)$
Ceros:	$2n\pi, \quad n \in \mathbb{Z}$
Intercepto en y	$(0,0)$
Asíntotas Verticales	$x = \pm\frac{\pi}{2}, \ \pm\frac{3\pi}{2}, \ \cdots$

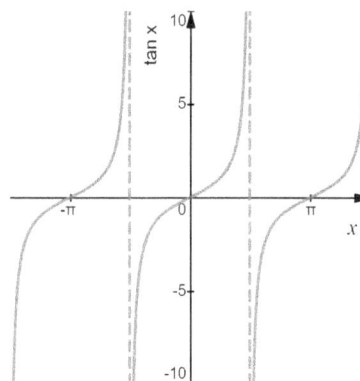

Secante, Cosecante y Cotangente

Son el recíproco de las funciones trigonométricas usuales.

$$\sec x = \frac{1}{\cos x} \qquad\qquad \csc x = \frac{1}{\sin x} \qquad\qquad \cot x = \frac{1}{\tan x} = \frac{\cos x}{\sin x}$$

14. Derivadas de Funciones Trigonométricas [1] (3)

Para encontrar las derivadas de seno y coseno se necesitan utilizar los siguientes límites.

Límites Trigonométricos Especiales

$$\lim_{\theta \to 0} \frac{\sin \theta}{\theta} = 1$$

$$\lim_{\theta \to 0} \frac{\cos \theta - 1}{\theta} = 0$$

Además se necesitan utilizar las identidades trigonométricas.

Suma de Ángulos

$$\sin(x + y) = \sin x \cos y + \cos x \sin y$$

$$\cos(x + y) = \cos x \cos y - \sin x \sin y$$

Derivada de seno $f(x) = \sin x$

Utilice la definición de derivada y la identidad para suma de ángulos.

$$f'(x) = \lim_{h \to 0} \frac{\sin(x + h) - \sin x}{h} = \lim_{h \to 0} \frac{\sin x \cos h + \cos x \sin h - \sin x}{h}$$

Agrupe términos y utilice propiedades de límites

$$f'(x) = \cos x \cdot \underbrace{\lim_{h \to 0} \frac{\sin h}{h}}_{1} + \sin x \cdot \underbrace{\lim_{h \to 0} \frac{\cos h - 1}{h}}_{0} = 1 \cdot \cos x + 0 \cdot \sin x = \cos x$$

Derivada de seno: $\frac{d}{dx}\left(\sin x \right) = \cos x.$

Derivada de coseno: $\frac{d}{dx}\left(\cos x \right) = -\sin x.$

Se utiliza un procedimiento similar para encontrar la derivada de coseno.

Derivadas de tangente, cotangente, etc.

Al conocer las derivadas de seno y coseno, las derivadas para el resto de las funciones trigonométricas se encuentran por medio de la regla del cociente y utilizando la identidad trigonométrica fundamental $\sin^2 x + \cos^2 x = 1$.

Por ejemplo,

$$\frac{d}{dx}\left(\tan x\right) = \frac{d}{dx}\left(\frac{\sin x}{\cos x}\right)$$

$$= \frac{\cos^2 x + \sin^2 x}{\cos^2 x} = \frac{1}{\cos^2 x} = \sec^2 x$$

$$\frac{d}{dx}\left(\csc x\right) = \frac{d}{dx}\left(\frac{1}{\sin x}\right)$$

$$= \frac{0\cdot\sin x - 1\cdot\cos x}{\sin^2 x} = -\frac{1}{\sin x}\frac{\cos x}{\sin x} = -\csc x \cot x$$

Las derivadas de cotangente y secante se encuentran de manera similar.

Derivadas de Funciones Trigonométricas

$$\frac{d}{dx}\left(\sin x\right) = \cos x \qquad\qquad \frac{d}{dx}\left(\csc x\right) = -\csc x \cot x$$

$$\frac{d}{dx}\left(\cos x\right) = -\sin x \qquad\qquad \frac{d}{dx}\left(\sec x\right) = \sec x \tan x$$

$$\frac{d}{dx}\left(\tan x\right) = \sec^2 x \qquad\qquad \frac{d}{dx}\left(\cot x\right) = -\csc^2 x$$

Ejercicio 1: Derive las siguientes funciones.

a. $f(x) = \sin x + 2e^x - 10x^2$

$$f'(x) = \cos x + 2e^x - 20x$$

b. $g(x) = e^x \sin x$ $\qquad$ Utilice la Regla del Producto

$$g'(x) = e^x \sin x + e^x \cos x$$

c. $h(x) = \dfrac{\cos x}{x^4}$ $\qquad$ Utilice la Regla del Cociente

$$h'(x) = \frac{-(\sin x)x^4 - 4x^3\cos x}{x^8} = \frac{-x\sin x}{x^5}\quad\frac{4\cos x}{x^5}$$

d. $i(x) = \sin^2 4x + \cos^2 4x$ $\qquad i(x) = 1$ por la Identidad Trigonométrica Fundamental

$$i'(x) = 0$$

Ejercicio 2: Derive las siguientes funciones.

a. $f(x) = \cot x \csc x$ Utilice la regla del Producto.

$$f'(x) = -\csc^2 x \csc x - \cot x \csc x \cot x = -\csc^3 - \csc x \cot^2 x$$

b. $g(x) = \tan^2(3x^2 + x)$ Utilice la regla de la Cadena.

La función externa es: $[\quad]^2$
La función intermedia es: $\tan(\quad)$
La función interna es: $(3x^2 + x)$

$$\begin{aligned} g(x) &= [\tan(3x^2 + x)]^2 \\ g'(x) &= 2\tan(3x^2 + x)\sec^2(3x^2 + x)(6x + 1) \end{aligned}$$

c. $h(x) = \dfrac{\tan x}{1 + \tan x}$ Utilice la regla del Cociente.

$$h'(x) = \frac{\sec^2 x(1 + \tan x) - \sec^2 x \tan x}{(1 + \tan x)^2} = \frac{\sec^2 x}{(1 + \tan x)^2}$$

d. $i(x) = \tan(2x)$ Utilice la regla de la Cadena.

$$i'(x) = 2\sec^2(2x)$$

e. $j(x) = \cos(x^3 + x^2)$

$$j'(x) = -(3x^2 + 2x)\sin(x^3 + x^2)$$

f. $k(x) = \sin^2(\sqrt{x})$ Utilice la regla de la Cadena dos veces.

$$k'(x) - 2\sin(\sqrt{x})\cos(\sqrt{x})0.5x^{-1/2}$$

g. $l(x) = e^x \sec(e^x + 1)$ Utilice la regla del Producto y de la Cadena.

$$l'(x) = e^x \sec(e^x + 1) + e^x \sec(e^x + 1)\tan(e^x + 1)e^x$$

h. $m(x) = \ln(\sec x + \tan x)$ Utilice la regla de la Cadena y simplifique.

$$m'(x) = \frac{\sec x \tan x \sec^2 x}{\sec x + \tan x} = \sec \frac{\sec x + \tan x}{\sec x + \tan x} = \sec x$$

Reglas Básicas de Derivación

$$\frac{d}{dx}x^n = nx^{n-1}$$

$$\frac{d}{dx}[af(x) \pm bg(x)] = af'(x) \pm bg'(x)$$

$$\frac{d}{dx}\ln x = \frac{1}{x}$$

$$\frac{d}{dx}\log_a x = \frac{1}{x \ln a}$$

$$\frac{d}{dx}e^x = e^x$$

$$\frac{d}{dx}a^x = a^x \ln a$$

$$\frac{d}{dx}\operatorname{sen} x = \cos x$$

$$\frac{d}{dx}\csc x = -\csc x \cot x$$

$$\frac{d}{dx}\cos x = -\operatorname{sen} x$$

$$\frac{d}{dx}\sec x = \sec x \tan x$$

$$\frac{d}{dx}\tan x = \sec^2 x$$

$$\frac{d}{dx}\cot x = -\csc^2 x$$

$$\frac{d}{dx}\sin^{-1} x = \frac{1}{\sqrt{1-x^2}}$$

$$\frac{d}{dx}\tan^{-1} x = \frac{1}{1+x^2}$$

Regla del Producto:
$$\frac{d}{dx}[u\,v] = u'v + uv'$$

Regla del Cociente:
$$\frac{d}{dx}\left[\frac{u}{v}\right] = \frac{u'v - uv'}{v^2}$$

Regla de la Cadena:
$$\frac{d}{dx}f[u(x)] = \frac{df}{du}\frac{du}{dx}$$

15. Integrales de Funciones Trigonométricas [1] (3)

La integral indefinida $\int f(x)\,dx$ es la antiderivada de $f(x)$ denotada como $F(x)+C$.

Como la antiderivada es la operación inversa de la derivada, las reglas de derivación se pueden escribir en "reversa" para encontrar las integrales de varias funciones.

$$\frac{d}{dx}\left(x^3\right)=3x^2 \qquad\qquad \int 3x^2 dx = x^3 + C$$

$$\frac{d}{dx}\left(a^x\right)=3x^2 \qquad\qquad \int a^x dx = \frac{a^x}{\ln a} + C$$

Del mismo modo, como $\frac{d}{dx}\left(\sin x\right)=\cos x,$ $\qquad \frac{d}{dx}\left(\cos x\right)=-\sin x$, entonces

$$\int \cos x\,dx = \sin x + C \qquad\qquad \int \sin x\,dx = -\cos x + C$$

Use las derivadas de tangente, secante, cotangente y cosecante para encontrar las integrales de otras funciones trigonométricas.

Integrales Básicas Funciones Trigonométricas

$$\int \sin x\,dx = -\cos x\ +\ C \qquad\qquad \int \cos x\,dx = \sin x\ +\ C$$

$$\int \sec^2 x\,dx = \tan x\ +\ C \qquad\qquad \int \sec x\tan x\,dx = \sec x\ +\ C$$

$$\int \csc^2 x\,dx = -\cot x\ +\ C \qquad\qquad \int \csc x\cot x\,dx = -\csc x\ +\ C$$

Las integrales para $\tan x,$ $\cot x,$ $\sec x,$ y $\csc x$ se encuentran con la regla de sustitución.

$$\int f[\,g(x)\,]g'(x)\,dx\ =\ \int f(u)\,du$$
$$u=g(x),\quad du=g'(x)dx$$

Integrales con Regla de la Sustitución

a. $\displaystyle\int \tan x\,dx = \int \frac{\sin x}{\cos x}\,dx = -\int \frac{du}{u} = -\ln|u| + C = -\ln|\cos x| + C = \ln|\sec x| + C$

   Sea $\quad u=\cos x,\quad du=-\sin x dx$

b. $\displaystyle\int \cot x\,dx = \int \frac{\cos x}{\sin x}\,dx = \int \frac{du}{u} = \ln|u| + C = \ln|\sin x| + C$

   Sea $\quad u=\sin x,\quad du=\cos x dx.$

Las derivadas de $\sec x$ y $\csc x$ se encuentran al multiplicar por un "1" especial.

c. $\displaystyle\int \sec x \, dx = \int \sec x \frac{\tan x + \sec x}{\sec x + \tan x} \, dx = \int \frac{\sec x \tan x + \sec^2 x}{\sec x + \tan x} \, dx$

Sea $u = \sec x + \tan x, \quad du = (\sec x \tan x + \sec^2 x)dx$

$$\int \frac{du}{u} = \ln|u| + C = -\ln|\sec x + \tan x| + C$$

d. $\displaystyle\int \csc x \, dx = \int \csc x \frac{\cot x + \csc x}{\csc x + \cot x} \, dx = \int \frac{\csc x \cot x + \csc^2 x}{\csc x + \cot x} \, dx$

Sea $u = \csc x + \cot x, \quad du = -(\csc x \cot x + \csc^2 x)dx$

$$\int \frac{du}{u} = -\ln|u| + C = -\ln|\csc x + \cot x| + C$$

Ejercicio 1: *Integre las siguientes funciones.*

a. $\displaystyle\int \sec(8x)\tan(8x)\,dx = \frac{1}{8}\int \sec u \tan u \, du = \sec u + C = \sec(8x) + C$

$u = 8x, \qquad du = 8dx$

b. $\displaystyle\int \frac{\sin(4x)}{\cos^5(4x)}\,dx = -\frac{1}{4}\int u^{-5}du = \frac{-1}{4}\frac{-1}{4}u^{-4} + C = \frac{1}{16}\cos^{-4}(4x) + C = \frac{1}{16}\sec^4(4x) + C$

$u = \cos(4x), \qquad du = -4\sin(4x)dx$

c. $\displaystyle\int 8\tan(2x)\sec^2(2x)\,dx = 4\int u \, du = 2u^2 + C = 2\tan^2(2x) + C$

$u = \tan(2x), \qquad du = 2\sec^2(2x)dx$

d. $\displaystyle\int (3x^2+2x)\sec(x^3+x^2)\tan(x^3+x^2)\,dx = \int \sec u \tan u \, du = \sec u + C = \sec(x^3+x^2)+C$

$u = x^3 + x^2, \qquad du = (3x^2 + 2x)\,dx$

e. $\displaystyle\int 6\sqrt{x}\sec\sqrt{x^3}\,dx = 4\int \sec u \, du = 4\ln|\sec u + \tan u| + C$

$u = x^{3/2}, \qquad du = \frac{3}{2}x^{1/2}dx, \qquad\qquad 4\ln|\sec(x^{3/2}) + \tan(x^{3/2})| + C$

16. Integración de potencias impares de seno y coseno [1] (5)

Algunas integrales requieren el uso de identidades trigonométricas para reescribirlas y para poder usar posteriormente la regla de sustitución.

$$\sin^2 x + \cos^2 x = 1 \qquad\qquad \sin^2 x = \tfrac{1}{2}\left(1 - \cos 2x\right)$$
$$\tan^2 x + 1 = \sec^2 x \qquad\qquad \cos^2 x = \tfrac{1}{2}\left(1 + \cos 2x\right)$$

Evalúe $\displaystyle\int \sin^3 x \, dx$.

No se puede utilizar la sustitución $v = \sin x$, porque $dv = -\sin x \, dx$ está ausente.

Es necesario reescribir $\sin^3 x$ para poder hallar un término extra $\sin x$ ó $\cos x$

$$\sin^3 x = (\sin^2 x) \sin x$$

Utilice la identidad trigonométrica $\sin^2 x = 1 - \cos^2 x$.

$$\int \sin^3 x \, dx \underbrace{=}_{Reescriba} \int (1 - \cos^2 x) \sin x \, dx$$

Utilice la sustitución $u = \cos x \quad du = -\sin x \, dx$

$$\int (1 - \underbrace{\cos^2 x}_{u^2})\underbrace{\sin x \, dx}_{-du} \underbrace{=}_{Sustituya} -\int (1 - u^2)\, du \underbrace{=}_{Reescriba} \int (-1 + u^2)\, du$$

Integre y regrese a la variable x.

$$\int (1 - \sin^2 x) \cos x \, dx = -u + \frac{u^3}{3} + C = -\cos x - \frac{1}{3}\cos^3 x + C$$

La estrategia para resolver integrales de esta forma se resume de la siguiente manera:

Potencias Impares de Seno o Coseno

$$\int \sin^m x \cos^n x \, dx$$

Si n ó m es impar.

- Aparte un término $\sin x$ si n es impar ó $\cos x$ si m es impar.
- Utilice la identidad $\sin^2 x + \cos^2 x = 1$.
- Rescriba seno en términos de coseno (o viceversa).
- Utilice la sustitución $u = \cos x$ si n es impar ó $u = \sin x$ si m es impar.

Ejercicio 1: Evalúe las siguientes integrales.

a. $\displaystyle\int \sin^5 x \cos^4 x \, dx = \int \sin^4 x \cos^4 x \, (\sin x) dx$ \qquad Potencia impar de seno.

Reescriba $\sin^4 x = (\sin^2 x)^2 = (1 - \cos^2 x)^2$

$$\int \sin^4 x \cos^4 x \, (\sin x) dx = \int (1 - \cos^2 x)^2 \cos^4 x \, (\sin x) dx$$

Sustitución: \qquad $u = \cos x, \quad du = -\sin x \, dx$

$$= -\int (1 - u^2)^2 u^4 \, du$$

Expanda: $$= -\int (1 - 2u^2 + u^4) u^4 \, du$$

Simplifique: $$= -\int (u^4 - 2u^6 + u^8) \, du$$

Integre: $$= -\tfrac{1}{5}u^5 + \tfrac{2}{7}u^7 + \tfrac{1}{9}u^9 + C$$

Respuesta: $$= -\tfrac{1}{5}\cos^5(x) + \tfrac{2}{3}\cos^7(x) + \tfrac{1}{9}\cos^9(x) + C$$

b. $\displaystyle\int \sin^2 x \cos^3 x \, dx$ \qquad Potencia impar de coseno.

Aparte coseno: $$\int \sin^2 x \cos^3 x \, dx = \int \sin^2 x \cos^2 x \, (\cos x) dx$$

Identidad Trig: $$= \int \sin^2 x (1 - \sin^2 x) \, (\cos x) dx$$

Sustitución: \qquad $u = \sin x, \quad du = \cos x \, dx$

$$= \int u^2 (1 - u^2) \, du$$

Simplifique: $$= \int (u^2 - u^4) \, du$$

Integre: $$= \tfrac{1}{3}u^3 - \tfrac{1}{5}u^5 + C$$

Respuesta: $$= \tfrac{1}{3}\sin^3(x) + \tfrac{1}{5}\sin^5(x) + C$$

c. $\displaystyle\int \cos^5 x \, dx = \int \cos^4 x \cos x \, dx = \int (\cos^2 x)^2 \cos x \, dx$

Utilice la identidad trigonométrica $\cos^2 x = 1 - \sin^2$.

$$\int \cos^5 x \, dx = \int (1 - \sin^2 x)^2 \cos x \, dx$$

Utilice la sustitución $u = \sin x \quad du = \cos x \, dx$

$$\int (1 - \underbrace{\sin^2 x}_{u^2})^2 \underbrace{\cos x \, dx}_{du} \underbrace{=}_{Sustituya} \int (1 - u^2)^2 \, du \underbrace{=}_{Reescriba} \int (1 - 2u^2 + u^4) du$$

Integre y regrese a la variable x.

$$\int (1 - \sin^2 x)^2 \cos x \, dx = u - \frac{2}{3}u^3 + \frac{1}{5}u^5 + C = \sin x - \frac{2}{3}\sin^3 x + \frac{1}{5}\sin^5 x + C$$

17. Integración de potencias pares de seno y coseno [1] (6)

Si ambas potencias de seno y coseno no son pares, entonces no se puede separar un sólo término $\sin x$ ó $\cos x$ y aplicar la identidad $\sin^2 x + \cos^2 x = 1$.

Para este caso se deben utilizar las identidades de doble ángulo.

$$\sin^2 x = \tfrac{1}{2} \left(1 - \cos 2x \right) \qquad\qquad \cos^2 x = \tfrac{1}{2} \left(1 + \cos 2x \right)$$

Por ejemplo, evalúe la integral $\displaystyle\int \sin^2 x \, dx$

Utilice la primera identidad de doble ángulo y luego integre los dos términos:

$$\int \sin^2 x \, dx = \tfrac{1}{2} \int (1 - \cos 2x) \, dx$$
$$= \tfrac{1}{2} \left(x - \tfrac{1}{2} \sin 2x \right) + C$$
$$= \tfrac{1}{2} x - \tfrac{1}{4} \sin 2x + C$$

Ejercicio 1: Evalúe las siguientes integrales.

a. $\displaystyle\int \sin^2 x \cos^2 x \, dx$.

Utilice las identidades de doble ángulo para cada término seno y coseno al cuadrado.

$$\int \sin^2 x \cos^2 x \, dx = \int \frac{1}{4}(1 - \cos 2x)(1 + \cos 2x) \, dx$$

Desarrolle y observe que esta identidad se tiene que volver a aplicar para $\cos^2 2x$.

$$\int \sin^2 x \cos^2 x \, dx = \frac{1}{4} \int (1 - \cos^2 2x) \, dx$$
$$\int \sin^2 x \cos^2 x \, dx = \frac{1}{4} \int \left(1 - \frac{1}{2} - \frac{1}{2} \cos 4x \right) \, dx$$
$$\int \sin^2 x \cos^2 x \, dx = \frac{1}{8} \int (1 - \cos 4x) \, dx$$

Los términos resultantes se pueden integrar con las reglas básicas de integración.

$$\int \sin^2 x \cos^2 x \, dx = \frac{1}{8} \left(x - \frac{1}{4} \sin 4x \right) + C$$

b. $\int \cos^2 x \, dx$

Utilice la identidad de doble ángulo para coseno e integre.

$$\int \cos^2 x \, dx = \frac{1}{2} \int (1 + \cos 2x) \, dx$$

$$= \frac{1}{2} \left(x + \frac{1}{2} \sin 2x \right) + C$$

$$= \frac{1}{2} x + \frac{1}{4} \sin 2x + C$$

c. $\int \cos^4 x \, dx$

En este problema va a ser necesario utilizar la identidad de doble ángulo dos veces.

$$\int \cos^4 x \, dx = \int (\cos^2 x)^2 \, dx$$

Doble Ángulo: $\qquad = \int \left(\frac{1}{2}[1 + \cos 2x] \right)^2 \, dx$

Expanda: $\qquad = \frac{1}{4} \int (1 + 2\cos(2x) + \cos^2(2x)) \, dx$

Doble Ángulo: $\qquad = \frac{1}{4} \int \left(1 + 2\cos(2x) + \frac{1}{2} + \frac{1}{2}\cos(4x) \right) \, dx$

Simplifique: $\qquad = \frac{1}{4} \int \left(\frac{3}{2} + 2\cos(2x) + \frac{1}{2}\cos(4x) \right) \, dx$

Integre: $\qquad = \frac{1}{4} \left(\frac{3}{2}x + \sin(2x) + \frac{1}{8}\sin(4x) \right) + C$

Respuesta: $\qquad = \frac{3}{8}x + \frac{1}{4}\sin(2x) + \frac{1}{32}\sin(4x) + C$

18. Integración de potencias de secante y tangente [5] (7.2)

Utilice las siguientes identidades para integrar $\int \tan^m x \sec^n x\, dx$.

$$\sec^2 x = \tan^2 x + 1 \qquad\qquad \tan^2 x = \sec^2 x - 1$$

Ambas identidades se obtienen al dividir la identidad $\sin^2 x + \cos^2 x = 1$ por $\cos^2 x$.

Integración de Potencias de Secante y Tangente

- **Potencia par de secante:** Aparte $\sec^2 x$ y use $\sec^2 x = \tan^2 x + 1$.

- **Potencia impar de tangente:** Aparte $\sec x \tan x$ y use $\tan^2 x = \sec^2 x - 1$.

Ejercicio 1: Evalúe las siguientes integrales.

a. $\int \tan^6 x \sec^4 x\, dx$ Separe un término $\sec^2 x$ y utilice la sustitución $u = \tan x$.

$$\int \tan^6 x \sec^4 x\, dx = \int \tan^6 x \sec^2 x\ \sec^2 x\, dx$$
$$= \int \tan^6 x (\tan^2 x + 1)\ \sec^2 x\, dx$$

Sea $u = \tan x \quad du = \sec^2 x\, dx$
$$= \int u^6 (u^2 + 1)\, du = \int u^8 + u^6\, du$$
$$= \frac{1}{9} u^9 + \frac{1}{7} u^7 + C$$
$$= \frac{1}{9} \tan^9 x + \frac{1}{7} \tan^7 x + C$$

b. $\int \tan^5 x \sec^6 x\, dx$ Separe un término $\sec x \tan x$ y utilice la sustitución $u = \sec x$.

También utilice la identidad $\tan^2 x = \sec^2 x - 1$

$$\int \tan^5 x \sec^6 x\, dx = \int \tan^4 x \sec^5 x\ (\sec x \tan x)\, dx$$
$$= \int (\sec^2 x - 1)^2 \sec^5 x\ (\sec x \tan x)\, dx$$

Sea $u = \sec x \quad du = \sec x \tan x\, dx$
$$= \int (u^2 - 2)^2 u^5\, du = \int (u^4 - 4u^2 + 4) u^5\, du$$
$$= \int (u^9 - 4u^7 + 4u^5)\, du$$
$$= \frac{1}{10} u^{10} - \frac{4}{8} u^8 + \frac{4}{6} u^6 + C$$
$$= \frac{1}{10} \sec^{10} x - \frac{1}{2} \sec^8 x + \frac{2}{3} \sec^6 x + C$$

Las potencias sólo de $\sec^n x$ ó $\tan^m x$ se integran con diferentes estrategias.

a. $\displaystyle\int \tan x \, dx = \int \frac{\sin x}{\cos x} du = -\int \frac{du}{u} = -\ln|\cos x| + C$ ó $\ln|\sec x| + C$

b. $\displaystyle\int \sec x \, dx = \ln|\sec x + \tan x| + C$

c. $\displaystyle\int \tan^2 x \, dx = \int (\sec^2 x - 1) = \tan x - x + C$

d. $\displaystyle\int \sec^2 x \, dx = \tan x + C$

e. $\displaystyle\int \tan^3 x \, dx = \int \tan x \tan^2 x \, dx = \int \tan x (\sec^2 x - 1) dx$

$\displaystyle\quad = \int \tan x \sec^2 x \, dx - \int \tan x \, dx = \frac{1}{2}\tan^2 x + \ln|\cos x| + C$

f. La integral de $\sec^3 x$ se encuentra por medio de la fórmula de reducción:

$$\int \sec^n x \, dx = \frac{1}{n-1}\sec^{n-2} x \tan x + \frac{n-2}{n-1}\int \sec^{n-2} x \, dx$$

Esta fórmula se deriva por medio de la técnica de Integración por Partes (17).

En este caso $n = 3$ y $n - 2 = 1, \qquad n - 1 = 2$

$$\int \sec^3 x \, dx \;=\; \frac{1}{2}\sec x \tan(x) + \frac{1}{2}\int \sec x \, dx$$

$$\;=\; \frac{1}{2}\sec x \tan(x) + \frac{1}{2}\ln|\sec x + \tan x| + C$$

19.   Sustitución Trigonométrica [1] (10)

La ecuación de un círculo unitario es $x^2 + y^2 = 1$.

La ecuación de cada semicírculo es $y = \pm\sqrt{1 - x^2}$.

El área del círculo es el cuatro veces el área
de un cuarto de círculo.

$$A = 4\int_0^1 \sqrt{1 - x^2}\ dx$$

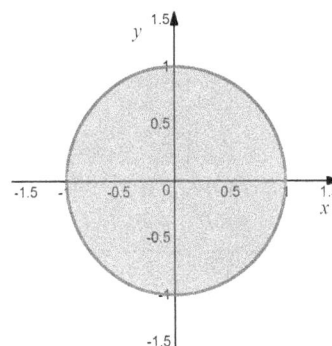

No se puede integrar por sustitución $u = 1 - x^2$ porque no se tiene un término $-2x\ dx$.

Como $\sin^2\theta + \cos^2\theta = 1$, propongamos $x = \sin\theta$, el nuevo diferencial es $dx = \cos\theta d\theta$.

El integrando se simplifica a $\sqrt{1 - x^2} = \sqrt{1 - \sin^2\theta} = \sqrt{\cos^2\theta} = \cos\theta$.

Aplicando esta sustitución la integral se simplifica a:

$$\int \underbrace{\sqrt{1 - x^2}}_{\cos\theta}\ \underbrace{dx}_{\cos\theta d\theta} = \int \cos^2\theta\ d\theta$$

La siguiente integral se evalúa utilizando las técnicas de integración trigonométrica.

$$4\int \cos^2\theta\ d\theta = 2\int (1 + \cos 2\theta)d\theta = 2\theta + \sin 2\theta + C = 2\theta + 2\sin\theta\cos\theta + C$$

Exprese θ, $\sin 2\theta = 2\sin\theta\cos\theta$ en términos de x.

Como $x = \sin\theta$, se traza un
triángulo rectángulo con lado opuesto x e hipotenusa 1.

$$\begin{aligned}\theta &= \sin^{-1} x \\ \sin\theta &= x \\ \cos\theta &= \sqrt{1 - x^2}\end{aligned}$$

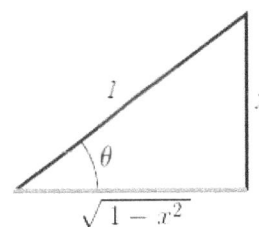

Por lo que $\dfrac{\theta}{2} + \dfrac{1}{2}\sin\theta\cos\theta + C = \dfrac{\sin^{-1} x}{2} + \dfrac{1}{2}x\sqrt{1 - x^2} + C.$

El área se encuentra evaluando la integral definida en los límites de integración $x = 0,\ 1..$

$$\begin{aligned}A = 4\int_0^1 \sqrt{1 - x^2}\ dx &= \left. 2\sin^{-1} x + 2x\sqrt{1 - x^2}\right]_0^1 \\ &= 2\left(\sin^{-1}(1) + 1\cdot 0\right) - 2\left(\sin^{-1}(0) + 1\cdot 0\right) \\ &= 2\left(\frac{\pi}{2}\right) - 0 = \pi\end{aligned}$$

Sustitución Inversa

El proceso de integración utilizando con anterioridad se conoce como sustitución inversa.

$$\int f(x)\, dx \;=\; \int f(\, g(\theta)\,)\, g'(\theta)\, d\theta$$
$$\text{Sea} \quad x \;=\; g(\theta) \qquad dx = g'(\theta)\, d\theta$$

El objetivo de la sustitución inversa es que $f(\, g(\theta)\,)\, g'(\theta)$ sea una función que se pueda integrar por medio de reglas de integración conocidas.

Las sustituciones inversas más comunes son las sustituciones trigonométricas, las cuales se utilizan para los casos $\sqrt{a^2 - x^2}$, $\sqrt{a^2 + x^2}$, $\sqrt{x^2 - a^2}$.

Sustitución Trigonométrica de la Forma $\sqrt{a^2 - x^2}$

El triángulo rectángulo tiene hipotenusa a y C.O. x .

$$\begin{aligned}
\text{Sustitución:} \quad & x \;=\; a \cdot \sin\theta \\
\text{Diferencial:} \quad & dx \;=\; a \cdot \cos\theta\, d\theta \\
\text{Identidad:} \quad & \cos^2\theta \;=\; 1 - \sin^2\theta \\
\text{Simplificación:} \quad & \sqrt{a^2 - x^2} \;=\; a \cdot \cos\theta
\end{aligned}$$

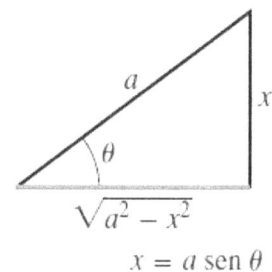

$$x = a\,\operatorname{sen}\theta$$

Ejercicio 1: Evalúe las siguientes integrales.

a. $\displaystyle \int \frac{x}{\sqrt{25 - x^2}}\, dx$

Método 1: Utilice sustitución trigonométrica $x = 5\sin\theta, \;\; dx = 5\cos\theta\, d\theta$

$$\int \frac{x}{\sqrt{25 - x^2}}\, dx = \int \frac{5\sin\theta}{5\cos\theta} 5\cos\theta\, d\theta = 5 \int \sin\theta\, d\theta = -5\cos\theta + C$$

Se obtiene la misma respuesta, pero con más facilidad.

Utilice el triángulo rectángulo.

$$x = 5\sin\theta$$

$$\cos\theta \;=\; \frac{\sqrt{25 - x^2}}{5}$$

$$\int \frac{x}{\sqrt{25 - x^2}}\, dx \;=\; -\sqrt{25 - x^2} + C$$

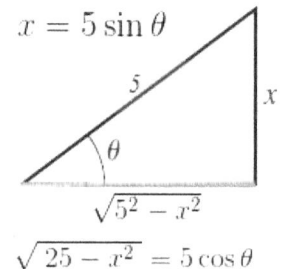

$$\sqrt{5^2 - x^2}$$

$$\sqrt{25 - x^2} = 5\cos\theta$$

Método 2: Utilice SIMPLEMENTE la sustitución $u = 25 - x^2, \;\; du = -2x\,dx$

$$\int (25 - x^2)^{-1/2}\, x\, dx = -\frac{1}{2} \int u^{-1/2}\, du = -u^{1/2} + C = -\sqrt{25 - x^2} + C$$

b. $\displaystyle\int \frac{x^3}{\sqrt{9-x^2}}\, dx$

Trace un triángulo rectángulo con hipotenusa igual a 3 y cateto opuesto igual a x.

Sustitución:	x	$=\ 3\sin\theta$
Diferencial:	dx	$=\ 3\cos\theta\, d\theta$
Simplificación:	$\sqrt{9-x^2}$	$=\ 3\cos\theta$
Sustituya:	$\displaystyle\int \frac{x^3}{\sqrt{9-x^2}}\, dx$	$=\ \displaystyle\int \frac{27\sin^3\theta}{3\cos\theta}3\cos\theta\, d\theta$
Simplifique:		$=\ 27\displaystyle\int \sin^3\theta\, d\theta$

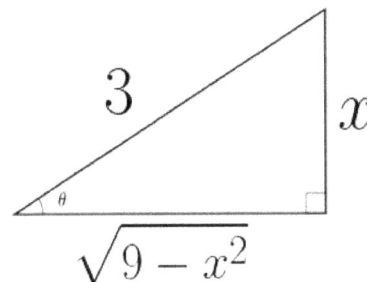

Evalúe por medio de integración trigonométrica, separe un término $\sin\theta$.

$$27\int \sin^3\theta\, d\theta = 27\int \sin^2\theta(\sin\theta\, d\theta) = 27\int (1-\cos^2\theta)(\sin\theta\, d\theta)$$

$$u = \cos\theta, \qquad du = -\sin\theta\, d\theta$$

$$27\int (1-\cos^2\theta)(\sin\theta\, d\theta) = -27\int (1-u^2)\, du = -27u + 9u^3 + C$$

$$= -27\cos\theta + 9\cos^3\theta + C$$

Regrese a la variable original x utilizando el triángulo rectángulo $\qquad \cos\theta = \dfrac{\sqrt{9-x^2}}{3}$.

$$\int \frac{x^3}{\sqrt{9-x^2}}\, dx = -9\sqrt{9-x^2} + \tfrac{1}{3}(9-x^2)^{3/2} + C$$

c. $\displaystyle\int \frac{1}{\sqrt{a^2-u^2}}\, du$ $\qquad$ La integral de esta función es el seno inverso.

Utilice un triángulo rectángulo con hipotenusa a y cateto opuesto u.

Sustitución:	$u = a\sin$	
Diferencial:	$du = a\cos$	
Simplificación:	$\sqrt{a-u^2} = a\cos$	
Sustituya:	$\displaystyle\int \frac{1}{\sqrt{a-u^2}}\, du = \int \frac{a}{a}$	
Integre:	$= \displaystyle\int d\theta = \theta + C$	
Regrese variable x :	$= \sin^{-1}\left(\dfrac{u}{a}\right) + C$	

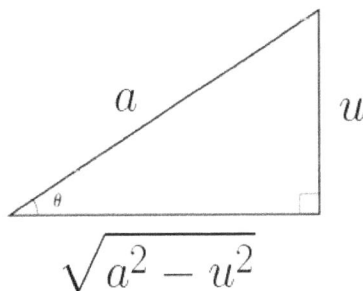

Como $u = a\sin\theta,$ utilice la función inversa de seno $\sin^{-1}y$ para encontrar θ.

Sustitución Trigonométrica de la Forma $\sqrt{x^2 + a^2}$

El triángulo rectángulo tiene C.O. x y C.A. a.

Sustitución:	x	$=$ $a \cdot \tan\theta$
Diferencial:	dx	$=$ $a \cdot \sec^2\theta d\theta$
Identidad:	$\sec^2\theta$	$=$ $\tan^2\theta + 1\theta$
Simplificación:	$\sqrt{a^2\tan^2\theta + a^2}$	$=$ $a \cdot \sec\theta$

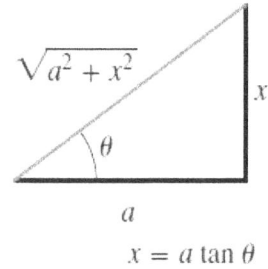

$$x = a\tan\theta$$

Ejercicio 2: Encuentre las siguientes integrales.

a. $\displaystyle\int \frac{1}{x^2 + 16}\,dx = \int \frac{4\sec^2\theta}{\underbrace{16\tan^2\theta + 16}_{16\sec^2\theta}}\,d\theta = \int \frac{1}{4}\,d\theta = \frac{\theta}{4} + C = \frac{1}{4}\tan^{-1}\left(\frac{x}{4}\right) + C$

Utilice la sustitución $x = 4\tan\theta$, $dx = 4\sec^2\theta$, note que $\theta = \tan^{-1}\left(\frac{x}{4}\right)$.

b. $\displaystyle\int \frac{125}{x^2\sqrt{x^2 + 25}}\,dx$

Utilice un triángulo rectángulo con cateto opuesto x y cateto adyacente 5.

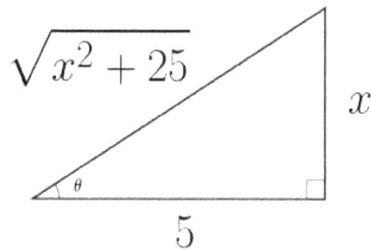

Sustitución:	$x = 5\tan\theta$
Diferencial:	$dx = 5\sec^2\theta d\theta$
Simplificación:	$\sqrt{x^2 + 25} = 5\sec\theta$

Sustituya: $\displaystyle\int \frac{125}{x^2\sqrt{x^2 + 25}}\,dx = \int \frac{125}{(25\tan^2\theta)(5\sec\theta)}5\sec^2\theta\,d\theta$

Simplifique: $\displaystyle\int \frac{5\sec\theta}{\tan^2\theta}\,d\theta = \int \frac{5\cos^2\theta}{\cos\theta\sin^2\theta}\,d\theta = \int \frac{5\cos\theta}{\sin^2\theta}\,d\theta$

Realice la sustitución $u = \sin\theta$, $du = \cos\theta d\theta$

$$\int \frac{5\cos\theta}{\sin^2\theta}\,d\theta = \int \frac{5}{u^2}\,du = -\frac{5}{u} + C = -\frac{5}{\sin\theta} + C = -5\csc\theta + C$$

Utilice el triángulo rectángulo para encontrar que $\csc\theta = \dfrac{\sqrt{x^2 + 25}}{x}$

$$\int \frac{125}{x^2\sqrt{x^2 + 25}}\,dx = -5\csc\theta + C = -5\frac{\sqrt{x^2 + 25}}{x} + C$$

c. $\int \dfrac{72}{(36+x^2)^{3/2}}\, dx$

Utilice un triángulo rectángulo con cateto opuesto x y cateto adyacente 6.

Sustitución: $\qquad x = 6\tan\theta$ $\quad(36+x^2)^{1/2}$

Diferencial: $\qquad dx = 6\sec^2 t$

Simplificación: $\qquad \sqrt{x^2+36} = 6\sec\theta$

Simplificación: $\qquad (x^2+36)^{3/2} = 6^3\sec^3$

Sustituya: $\qquad \displaystyle\int \frac{72}{(36+x^2)^{3/2}}\, dx = \int \frac{72\cdot}{36\cdot 6\sec^3\theta}\, a\upsilon$

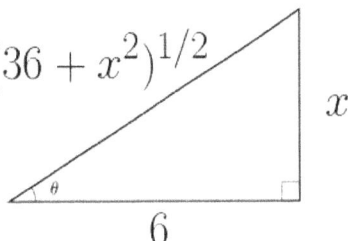

Simplifique: $\qquad \displaystyle\int \frac{2}{\sec\theta}\, d\theta = \int 2\cos\theta\, d\theta$

Integre: $\qquad 2\sin\theta + C$

Utilice el triángulo rectángulo para encontrar que $\sin\theta = \dfrac{x}{\sqrt{x^2+36}}$

$$\int \frac{72}{(36+x^2)^{3/2}}\, dx = 2\sin\theta + C = -\frac{2x}{\sqrt{x^2+36}} + C$$

d. $\int \dfrac{4}{(1+x^2)^2}\, dx$

Utilice un triángulo rectángulo con cateto opuesto x y cateto adyacente 1.

Sustitución: $\qquad x = \tan\theta$

Diferencial: $\qquad dx = \sec^2\theta\, d\theta$

Simplificación: $\qquad \sqrt{x^2+1} = \sec\theta$

Simplificación: $\qquad (1+x^2)^2 = (\sqrt{1+x^2})^2 = \sec^4\theta$

Sustituya: $\qquad \displaystyle\int \frac{4}{(1+x^2)^2}\, dx = \int \frac{4\sec^2\theta}{\sec^4\theta}\, d\theta$

Simplifique: $\qquad \displaystyle = \int \frac{4}{\sec^2\theta}\, d\theta = \int 4\cos^2\theta\, d\theta$

Identidad Doble Ángulo: $\qquad \displaystyle = \int 2 + 2\cos(2\theta)\, d\theta$

Integre: $\qquad = 2\theta + 2\sin(2\theta) + C$

Utilice la identidad de suma de ángulos $\sin(2\theta) = 2\sin\theta\cos\theta$.

Regrese a la variable x, $\sin\theta = \dfrac{x}{\sqrt{1+x^2}}$, $\cos\theta = \dfrac{1}{\sqrt{1+x^2}}$, $x = \tan^{-1}\theta$.

$$\int \frac{4}{(1+x^2)^2}\, dx = 2\theta + 4\sin(\theta)\cos(\theta) + C = 2\tan^{-1}\theta + \frac{x}{\sqrt{1+x^2}}\frac{4}{\sqrt{1+x^2}} + C$$

Sustitución Trigonométrica de la Forma $\sqrt{x^2 - a^2}$

El triángulo rectángulo tiene hipotenusa x y C.A. a .

$$
\begin{aligned}
\text{Sustitución:} && x &= a \cdot \sec\theta \\
\text{Diferencial:} && dx &= a \cdot \sec\theta \tan\theta\, d\theta \\
\text{Identidad:} && \tan^2\theta &= \sec^2\theta - 1\theta \\
\text{Simplificación:} && \sqrt{a^2\sec^2\theta - a^2} &= a \cdot \tan\theta
\end{aligned}
$$

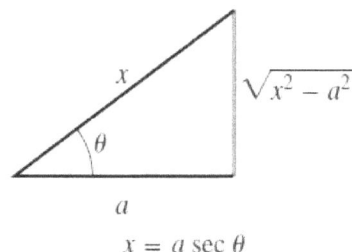

$x = a \sec\theta$

Ejercicio 3: *Evalúe las siguientes integrales.*

a. $\displaystyle \int \frac{(x^2 - 4)^{3/2}}{x^6}\, dx$

Utilice un triángulo rectángulo con hipotenusa x y cateto adyacente 2.

$$
\begin{aligned}
\text{Sustitución:} && x &= 2\sec\theta \\
\text{Diferencial:} && dx &= 2\sec\theta\, \mathrm{t} \\
\text{Simplificación:} && (x^2 - 4)^{1/2} &= 2\tan\theta \\
&& (x^2 - 4)^{3/2} &= 2^3 \tan^3 \
\end{aligned}
$$

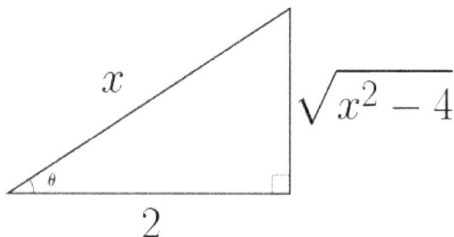

Sustituya:
$$
\int \frac{(x^2 - 4)^{3/2}}{x^6}\, dx = \int \frac{2^3 \tan^3\theta}{2^6 \sec^6\theta}\, 2\sec\theta\tan\theta\, d\theta
$$

Simplifique:
$$
\int \frac{\tan^4\theta}{2^2 \sec^5\theta}\, d\theta = \frac{1}{4}\int \frac{\sin^4\theta}{\cos^4\theta}\cos^5\theta\, d\theta = \frac{1}{4}\int \sin^4\theta \cos\theta\, d\theta
$$

Realice la sustitución $u = \sin\theta, \quad du = \cos\theta\, d\theta$.

$$
\frac{1}{4}\int \sin^4\theta\cos\theta\, d\theta = \frac{1}{4}\int u^4\, du = \frac{1}{20}u^5 + C = \frac{2^5}{20}\sin^5\theta + C
$$

Regrese a la variable x, $\quad \sin\theta = \dfrac{(x^2 - 4)^{1/2}}{x}$

$$
\int \frac{(x^2 - 4)^{3/2}}{x^6}\, dx = \frac{2^5}{20}\sin^5\theta + C = \frac{32}{20}\frac{(x^2 - 4)^{5/2}}{x^5} + C
$$

b. $\displaystyle\int \frac{1}{\sqrt{t^2-100}}\, dt$

Utilice un triángulo rectángulo con hipotenusa t y cateto adyacente 10.

Sustitución: $\qquad\qquad\qquad t = 10\sec\theta$

Diferencial: $\qquad\qquad\qquad dt = 10\sec\theta\, t$

Simplificación: $\qquad\quad (t^2-100)^{1/2} = 10\tan\theta$

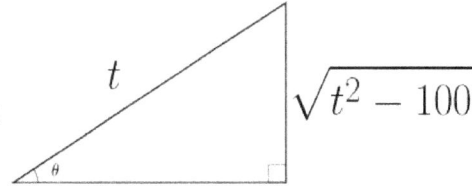

Sustituya: $\qquad\qquad \displaystyle\int \frac{1}{\sqrt{t^2-100}}\, dt = \int \frac{10\sec}{10\tan\theta}$

Simplifique: $\qquad\qquad\qquad = \displaystyle\int \sec\theta\, d\theta$

Integre: $\qquad\qquad\qquad\quad = \ln|\sec\theta + \tan\theta| + C$

Regrese a la variable x, $\quad \sec\theta = \dfrac{10}{t}, \quad \tan\theta = \dfrac{\sqrt{t^2-100}}{t}$

$$\int \frac{1}{\sqrt{t^2-100}}\, dt = \ln|\sec\theta + \tan\theta| + C = \ln\left| \frac{10}{t} + \frac{\sqrt{t^2-100}}{t} \right| + C$$

20. Integración por partes [1] (8)

Esta técnica de integración permite evaluar las siguientes integrales:

$$\int \ln x \, dx \qquad \int x^n e^x \, dx \qquad \int x^n \sin x \, dx \qquad \int \sin^{-1} x \, dx$$

y otras que no se pueden encontrar por medio de la regla de sustitución.

Regla del Producto para la Diferenciación

Derive: $\qquad\qquad\qquad (fg)' = f'g + fg'$

Reescriba: $\qquad\qquad\qquad fg' = (fg)' - f'g$

Integre respecto a x, la integral y derivada se cancelan entre sí $\int (fg)' dx = fg$

$$\int fg' dx = uv - \int fg' dx$$

Esta fórmula se conoce como **Integración por Partes (IPP)** y es el equivalente a la regla del producto para la integración.

Utilice notación de diferenciales $u = f(x)$, $dv = g'(x)dx$, $du = f'(x)dx$, $v = g(x)$ para expresar esta fórmula de manera más compacta.

Integración por Partes: (IPP)

Sea: $\qquad u = f(x) \qquad\qquad v = g(x)$

$\qquad\qquad du = f'(x)dx \qquad dv = g'(x)dx$

$$\int u \, dv = uv - \int v \, du$$

Objetivo IPP: Obtener una integral $\int vdu$ más simple que la integral original $\int udv$.

En este caso u es la función que se deriva. $\qquad dv$ es la función que se integra.

Ejercicio 1: Integre $\int xe^x dx$

$$\text{Sea:} \qquad u = x \qquad dv = e^x dx$$
$$du = dx \qquad v = e^x$$

$$\int \underbrace{x}_{u} \underbrace{e^x}_{dv} = \underbrace{x}_{u} \underbrace{e^x dx}_{v} - \int \underbrace{e^x}_{v} \underbrace{dx}_{du}$$

$$= xe^x - e^x + C$$

104

Derive la respuesta para comprobar la respuesta $(xe^x - e^x + c)' = 1 \cdot e^x + xe^x - e^x = xe^x$.

Observación: Si se seleccionan diferentes u y dv se puede complicar la integración.

$$u = e^x \qquad dv = xdx$$
$$du = e^x dx \qquad v = x^2/2$$
$$\int \underbrace{e^x}_{u} \underbrace{xdx}_{dv} = \underbrace{e^x}_{u} \underbrace{\frac{x^2}{2}}_{v} - \int \underbrace{\frac{x^2}{2}}_{v} \underbrace{e^x dx}_{du}$$

Si el integrando tiene una sola función, ésta se deriva $du = f'(x)dx$ y $dv = dx$, $v = x$.

Ejercicio 2: Integre las siguientes funciones.

a. $\int \ln x \, dx$

$$u = \ln x \qquad dv = dx$$
$$du = \frac{1}{x}dx \qquad v = x$$
$$\int \ln x \, dx = x\ln x - \int \frac{x}{x} \, dx$$
$$\int \ln x \, dx = x\ln x - \int dx = x\ln x - x + C$$

b. $\int \sin^{-1} x \, dx$

$$u = \sin^{-1} x \qquad dv = dx$$
$$du = \frac{1}{\sqrt{1-x^2}} \qquad v = x$$
$$\int \sin^{-1} x \, dx = x\sin^{-1} x - \int x(1-x^2)^{-1/2} \, dx$$
$$\int \sin^{-1} x \, dx = x\sin^{-1} x + \sqrt{1-x^2} + C$$

c. $\int 6x^2 \ln x \, dx$

En este caso la integral de $\ln x$ se desconoce por lo que esta función se va a derivar.

$$u = \ln x \qquad dv = 6x^2 dx$$
$$du = \frac{1}{x}dx \qquad v = 2x^3$$
$$\int \underbrace{(\ln x)}_{u} \underbrace{6x^2 dx}_{dv} = \underbrace{(\ln x)}_{u} \underbrace{2x^3}_{v} - \int \underbrace{2x^3}_{v} \underbrace{\frac{dx}{x}}_{du}$$
$$\int 6x^2 \ln x \, dx = 2x^3 \ln x - \int 2x^2 \, dx = 2x^3 \ln x - \frac{2}{3}x^3 + C$$

En algunos problemas es necesario utilizar IPP más de una vez.

Ejercicio 3:   Integre las siguientes funciones.

a. $\displaystyle\int x^2 \cos x \, dx$

$$u = x^2 \qquad dv = \cos x dx$$
$$du = 2x \, dx \qquad v = \sin x$$
$$\int x^2 \cos x \, dx = x^2 \sin x - 2 \int x \sin x \, dx$$

Realice integración integración de partes de nuevo para la segunda integral.

$$u = x \qquad dv = \sin x dx$$
$$du = \, dx \qquad v = -\cos x$$
$$\int x \sin x \, dx = -x \cos x + \int \cos x \, dx = -x \cos x + \sin x + C$$

La integral de la función es:

$$\int x^2 \cos x \, dx = x^2 \sin x + 2x \cos x - 2 \sin x + C$$

b. $\displaystyle\int \frac{x^2}{\sqrt{4+x}} \, dx$

$$u = x^2 \qquad dv = \frac{1}{\sqrt{4+x}} dx$$
$$du = 2x \, dx \qquad v = 2\sqrt{4+x}$$
$$\int \frac{x^2}{\sqrt{4+x}} \, dx = 2x^2\sqrt{4+x} - 4 \int x\sqrt{4+x} \, dx$$

Realice integración integración de partes de nuevo para la segunda integral.

$$u = x \qquad dv = \sqrt{4+x} dx$$
$$du = \, dx \qquad v = \frac{2}{3}(4+x)^{3/2}$$
$$\int x\sqrt{4+x} \, dx = \frac{2}{3}x(4+x)^{3/2} - \int \frac{2}{3}(4+x)^{3/2} \, dx = \frac{2}{3}x(4+x)^{3/2} - \frac{4}{15}(4+x)^{5/2} + C$$

La integral de la función es:

$$\int \frac{x^2}{\sqrt{4+x}} \, dx = 2x^2\sqrt{4+x} - \frac{8}{3}x(4+x)^{3/2} + \frac{16}{15}(4+x)^{5/2} + C$$

Integración por partes para Integrales Definidas

Combine IPP con la con el Teorema de Evaluación para obtener:

$$\int_a^b u\,dv = uv\Big|_a^b - \int_a^b v\,du$$

Ejercicio 3: Evalúe las siguientes expresiones.

a. $\displaystyle\int_1^e \sqrt{x}\ln x^9\,dx = 9\int_1^e \overbrace{(\ln x)}^{u}\overbrace{x^{1/2}}^{dv}dx$ Reescriba

$$= 9\cdot\frac{2}{3}x^{3/2}\ln x\Big|_1^e - 6\int_1^e x^{1/2}dx$$ IPP

$$= 6e^{3/2} - 6\cdot 1^{3/2}\ln 1 - 4e^{3/2} + 4\cdot 1^{3/2}$$ Evalúe

$$= 2e^{3/2} + 4$$ Simplifique

b. $\displaystyle 72\int_1^2 \frac{\ln x}{x^4}\,dx$

$$u = \ln x \qquad dv = 72x^{-4}dx$$
$$du = x^{-1}dx \qquad v = -24x^{-3}$$

$$72\int_1^2 \frac{\ln x}{x^4}\,dx = -\frac{24}{x^3}\ln x\Big]_1^2 + \int_1^2 24x^{-4}\,dx$$

$$= -\frac{24}{8}\ln 2 + \frac{24}{1}\ln 1 - \frac{8}{x^3}\Big]_1^2$$

$$= -3\ln 2 + 0 - \frac{8}{8} + \frac{8}{1}$$

$$= -3\ln 2 - 1 + 8 = 7 - 3\ln 2$$

$$\int x^4 e^x\,dx = x^4 e^x - 4x^3 e^x + 12x^2 e^x - 24e^x + C$$

La integral se encontró con el método tabular para IPP.

D		I
x^4		e^x
$4x^3$	+	e^x
$12x^2$	-	e^x
$24x$	+	e^x
24	-	e^x
0		e^x

21. Integración de Funciones Racionales [1] (12)

Una función racional tiene la forma $f(x) = \dfrac{P(x)}{Q(x)}$, donde $P(x)$ y $Q(x)$ son polinomios.

Si el grado del numerador P es menor que el grado del denominador Q, la función racional se conoce como **fracción propia**.

Por ejemplo, $\dfrac{6}{x^2 - 9}$, $\dfrac{x^2 + 1}{x^4 - 1}$ y $\dfrac{6}{x^3 - 9x}$ son fracciones propias.

Una función racional se puede integrar si se expresa como una suma de fracciones simples, las cuales se pueden integrar usando reglas conocidas de integración.

$$\int \frac{1}{ax + b}\, dx = \frac{1}{a} \ln|ax + b| + C \qquad\qquad \int \frac{1}{x^2 + a^2}\, dx = \frac{1}{a} \tan^{-1}\left(\frac{x}{a}\right) + C$$

Por ejemplo, integre $\displaystyle\int \frac{6}{x^2 - 9}\, dx$.

La función racional se puede escribir como una suma de dos funciones racionales más simples.

$$\frac{6}{x^2 - 9} = \frac{6}{(x - 3)(x + 3)} = \frac{A}{x - 3} + \frac{B}{x + 3}$$

Los coeficientes A y B se obtienen al resolver un sistema de ecuaciones.

Multiplique la función racional por $(x - 3)(x + 3)$.

$$6 = A(x + 3) + B(x - 3)$$
$$0x + 6 = Ax + 3A + Bx - 3B$$
$$0x + 6 = (A + B)x + (3A - 3B)$$

Agrupe términos semejantes y resuelva el siguiente sistema de ecuaciones.

$$A + B = 0$$
$$3A - 3B = 6$$

Utilice reducción para resolver este sistema de ecuaciones.

$$\begin{bmatrix} 1 & 1 & | & 0 \\ 3 & -3 & | & 6 \end{bmatrix} \xrightarrow[R_2 - 3R_1]{} \begin{bmatrix} 1 & 1 & | & 0 \\ 0 & -6 & | & 6 \end{bmatrix} \begin{matrix} R_1 + R_2/6 \\ -R_2/6 \end{matrix} \begin{bmatrix} 1 & 0 & | & 1 \\ 0 & 1 & | & -1 \end{bmatrix} \qquad \begin{matrix} A = 1 \\ B = -1 \end{matrix}$$

Después de encontrar los coeficientes, se puede integrar cada una de las funciones.

$$\int \underbrace{\frac{6}{x^2 - 9}}_{\text{Desconocida}}\, dx = \int \underbrace{\frac{1}{x - 3}}_{\text{Conocida}}\, dx - \int \underbrace{\frac{1}{x + 3}}_{\text{Conocida}}\, dx = \ln|x - 3| - \ln|x + 3| + C$$

108

Tipos de Fracciones Parciales

Para poder simplificar una función racional en sus fracciones parciales es necesario que el grado del numerador sea menor que el del denominador.

El polinomio del denominador $Q(x)$ se puede factorizar como un producto de factores lineales $(ax + b)$ y/o de factores cuadráticos $x^2 + a^2$, cada uno de estos factores tiene su propia forma en fracción parcial.

Hay cuatro casos distintos para simplificar funciones racionales en fracciones parciales.

I. Factor Lineal Distinto:

$$\frac{A}{ax + b}$$

II. Factor Lineal Repetido k veces:

$$\frac{A_1}{(ax + b)} + \frac{A_2}{(ax + b)^2} + \frac{A_3}{(ax + b)^3} + \cdots + \frac{A_k}{(ax + b)^k}$$

III. Factor Cuadrático Distinto: si $ax^2 + bx + c$ no se puede expresar como un producto de dos factores lineales.

$$\frac{Ax + B}{ax^2 + bx + c}$$

IV. Factor Cuadrático Repetido k veces:

$$\frac{A_1 x + B_1}{ax^2 + bx + c} + \frac{A_2 x + B_2}{(ax^2 + bx + c)^2} + \cdots + \frac{A_k x + B_k}{(ax^2 + bx + c)^k}$$

Caso I: $Q(x)$ es producto sólo de términos lineales distintos

El denominador $Q(x)$ se puede expresar como un producto de factores lineales distintos:

$$Q(x) = (a_1 x + b_1)(a_2 x + b_2) \cdots (a_k x + b_k)$$
$$\frac{P(x)}{Q(x)} = \frac{A_1}{a_1 x + b_1} + \frac{A_2}{a_2 x + b_2} + \cdots + \frac{A_k}{a_k x + b_k}$$

Encuentre los coeficientes A_1, A_2, $\cdots$ A_k resolviendo ecuaciones algebraicas.

El término lineal en cada denominador se integra con la siguiente regla de integración:

$$\int \frac{1}{ax + b}\, dx = \frac{1}{a}\ln|ax + b| + C$$

Ejercicio 1: Evalúe $\int \dfrac{9z}{2z^2 + 7z - 4}\, dz \;=\; \int \dfrac{9z}{(z+4)(2z-1)}\, dz$

La descomposición en fracciones parciales del integrando es:

$$\frac{9z}{(z+4)(2z-1)} = \frac{A}{z+4} + \frac{B}{2z-1}$$

Los coeficientes A y B se pueden encontrar de dos maneras:

- Solución por igualación de coeficientes.

- Solución por valuación

Solución por igualación de coeficientes:

Multiplique por $(z+4)(2z-1)$

$$
\begin{aligned}
9z &= A(2z-1) + B(z+4) \\
9z &= 2Az - A + Bz + 4B \\
1 \cdot z + 0 \cdot 1 &= (2A+B)z - A + 4B
\end{aligned}
$$

Agrupe cada término y resuelva el siguiente sistema de ecuaciones

$$
\begin{aligned}
2A + B &= 9 \\
-A + 4B &= 0
\end{aligned}
$$

$$
\begin{bmatrix} 2 & 1 & | & 9 \\ -1 & 4 & | & 0 \end{bmatrix} \begin{array}{c} \longrightarrow \\ 2R_2 + R_1 \end{array} \begin{bmatrix} 2 & 1 & | & 9 \\ 0 & 9 & | & 9 \end{bmatrix} \begin{array}{c} R_1 - R_2/9 \\ R_2/9 \end{array} \begin{bmatrix} 2 & 0 & | & 8 \\ 0 & 1 & | & 1 \end{bmatrix} \quad \begin{array}{c} A = 4 \\ B = 1 \end{array}
$$

Solución por Valuación: Los coeficientes se pueden encontrar de forma más sencilla:

- Multiplique cada fracción por el denominador común.

- Encuentre todos los números donde el denominador común es cero.

- Evalúe la expresión en cada uno de estos números para obtener el valor de cada coeficiente por separado.

$$A(2z-1) + B(z+4) = 9z$$

$$
\begin{array}{cccc}
z = -4 & -9A + 0B = -36 & \Rightarrow & A = 4 \\[2mm]
z = \dfrac{1}{2} & 0A + \dfrac{9}{2}B = \dfrac{9}{2} & \Rightarrow & B = 1
\end{array}
$$

Integración de las Fracciones Parciales

Integre después de obtener los coeficientes $A = 4,\ B = 1$ de las fracciones parciales:

$$
\begin{aligned}
\int \frac{z}{(z+4)(2z-1)}\, dz &= \int \frac{4}{z+4}\, dz + \int \frac{1}{2z-1}\, dz \\[2mm]
&= 4\ln|z+4| + \frac{1}{2}\ln|2z-1| + C
\end{aligned}
$$

Ejercicio 2:   Evalúe las siguientes integrales.   Encuentre los coeficientes usando valuación.

a. $\displaystyle\int \frac{5x+13}{x^2+5x+6}\,dx$

El denominador tiene dos factores lineales distintos $x^2+5x+6 = (x+2)(x+3)$

$$\frac{5x+13}{x^2+5x+6} = \frac{A}{(x+2)} + \frac{B}{(x+3)}$$

El denominador es igual a acero cuando $x=-2$ y $x=-3$.
Multiplique la ecuación por $(x+2)(x+3)$.

$$A(x+3) + B(x+2) = 5x+13$$

$x=-2$	$A+0B = -10+13 = \quad 3$	$\Rightarrow \qquad A=3$
$x=-3$	$0A-B = -15+13 = \ -2$	$\Rightarrow \qquad B=2$

Integre cada fracción parcial:

$$\int \frac{5x+13}{(x+2)(x+3)}\,dx = \int \frac{3}{x+2}\,dx \ + \int \frac{2}{x+3}\,dx$$
$$= 3\ln|x+2| \ + \ 2\ln|x+3| \ + \ C$$

b. $\displaystyle\int \frac{x^2+2x-1}{x^3-x}\,dx$

El denominador tiene tres factores lineales distintos $x^3-x = x(x^2-1) = x(x-1)(x+1)$

$$\frac{x^2+2x-1}{x^3-x} = \frac{A}{x} + \frac{B}{x-1} + \frac{C}{x+1}$$

El denominador es igual a acero cuando $x=-1,\ 0,\ 1$.
Multiplique la ecuación por $x(x^2-1)$.

$$A(x+1)(x-1) + Bx(x+1) + Cx(x-1) = x^2+2x-1$$

$x=0$	$-A+0B+0C = 0+0-1 = -1$	$\Rightarrow \qquad A=1$
$x=1$	$0A+2B+0C = 1+2-1 = \ 2$	$\Rightarrow \qquad B=1$
$x=-1$	$0A+0B+2C = 1-2-1 = -2$	$\Rightarrow \qquad C=-1$

Integre cada fracción parcial:

$$\int \frac{x^2+2x-1}{x^3-x}\,dx = \int \frac{1}{x}\,dx \ + \int \frac{1}{x-1}\,dx \ - \int \frac{1}{x+1}\,dx$$
$$= \ln|x| \ + \ \ln|x-1| \ - \ \ln|x+1| + C$$

Caso II: $Q(x)$ tiene factores lineales repetidos

Cuando alguno de los factores en el denominador es un factor lineal repetido como $(ax + b)^n$, el factor repetido se reescribe como:

$$\frac{P(x)}{(ax + b)^n} = \frac{A_1}{ax + b} + \frac{A_2}{(ax + b)^2} + \frac{A_n}{(ax + b)^n}$$

Los coeficientes A_1, A_2, $\cdots$ A_n se encuentran resolviendo ecuaciones algebraicas.

La regla de integración que se utiliza para $n \neq 1$ es:

$$\int \frac{1}{(ax + b)^n}\, dx = \frac{1}{a(-n + 1)} \frac{1}{(ax + b)^{n-1}} + C$$

Ejercicio 3: Integre las siguientes funciones.

a. $\displaystyle\int \frac{x + 2}{x^2 + 6x + 9}\, dx$

El denominador tiene 1 factor lineal repetido $x^2 + 6x + 9 = (x + 3)^2$.

$$\frac{x + 2}{x^2 + 6x + 9} = \frac{A}{(x + 3)} + \frac{B}{(x + 3)^2}$$

Multiplique por $(x + 3)^2$:

$$x + 2 = A(x + 3) + B$$
$$x + 2 = Ax + 3A + B$$

Agrupe términos y resuelva para A y B

$$x: \qquad\qquad A = 1$$
$$1: \qquad\qquad 3A + B = 1 \qquad\qquad B = 1 - 3A = -2$$

Integre cada fracción parcial:

$$\int \frac{x + 2}{(x + 3)^2}\, dx = \int \frac{1}{x + 3}\, dx - 2 \int \frac{1}{(x + 3)^2}\, dx$$
$$= \ln|x + 3| + \frac{2}{x + 3} + C$$

b. $\displaystyle\int \frac{1}{x(x + 1)^2}\, dx \qquad \frac{1}{x(x + 1)^2} = \frac{A}{x} + \frac{B}{x + 1} + \frac{C}{(x + 1)^2}$

El denominador tiene ceros en $x = 0$ y $x = -1$.

$$A(x + 1)^2 + Bx(x + 1) + Cx = 1$$
$$x = -1 \qquad\qquad 0A + 0B - C = 1 \qquad\qquad C = -1$$
$$x = 0 \qquad\qquad A + 0B + 0C = 1 \qquad\qquad A = 1$$

Falta por encontrar B, use $x = 1$

$$4A + 2B + C = 1$$
$$2B = 1 - 4A - C = 1 - 4 + 1 = -2 \qquad \Rightarrow \qquad B = -1$$

Integre cada fracción parcial

$$\int \frac{1}{x(x+1)^2}\, dx = \int \frac{1}{x} dx - \int \frac{1}{x+1} dx - \int \frac{1}{(x+1)^2} dx$$
$$= \ln|x| - \ln|x+1| + \frac{1}{x+1} + C$$

Caso 3: $Q(x)$ contiene factores cuadráticos irreducibles

El denominador tiene un factor cuadrático irreducible cuando el denominador tiene raíces complejas, es decir cuando $b^2 - 4ac < 0$.

Este factor se reescribe de la siguiente forma:

$$\frac{P(x)}{ax^2 + bx + c} = \frac{A + Bx}{ax^2 + bx + c}$$

Los coeficientes A y B se encuentran algebraicamente.

Se utilizan las reglas de integración:

$$\int \frac{1}{u^2 + a^2}\, du = \frac{1}{a} \tan^{-1}\left(\frac{u}{a}\right) + C \qquad\qquad \int \frac{u}{u^2 + a^2}\, du = \frac{1}{2} \ln\left(u^2 + a^2\right) + C$$

Ejercicio 4: *Integre la siguientes funciones.*

a. $\displaystyle\int \frac{3x^2 - x - 4}{x^3 + 4x}\, dx \qquad \frac{3x^2 - x - 4}{x(x^2 + 4)} = \frac{A}{x} + \frac{Bx + C}{x^2 + 4}$

Multiplique por $x(x^2 + 4)$.

$$A(x^2 + 4) + (Bx + C)x = 3x^2 - x - 4$$
$$Ax^2 + 4A + Bx^2 + Cx = 3x^2 - x - 4$$

Agrupe términos y resuelva el siguiente sistema de ecuaciones:

$$A + B = 3 \qquad\qquad\qquad B = 3 - A = 4$$
$$C = -1 \qquad\qquad\qquad C = 1$$
$$4A = -4 \qquad\qquad\qquad A = -1$$

Integre cada término:

$$\int \frac{2x^2 - x - 4}{x^3 + 4x}\, dx = -\int \frac{1}{x}\, dx + \int \frac{4x}{x^2 + 4}\, dx + \int \frac{1}{x^2 + 4}\, dx$$
$$= -\ln|x| + 2\ln|x^2 + 4| + \frac{1}{2} \tan^{-1}\left(\frac{x}{2}\right) + C$$

b. $\displaystyle\int \frac{6x + 3}{x^4 + 5x^2 + 4}\, dx$

Factorice $\quad x^4 + 5x^2 + 4 = (x^2 + 1)(x^2 + 4)$

Los dos factores son cuadráticos irreducibles.

$$\frac{6x + 3}{(x^2 + 1)(x^2 + 4)} = \frac{Ax + B}{x^2 + 1} + \frac{Cx + D}{x^2 + 4}$$

Multiplique por $(x^2 + 1)(x^2 + 4)$.

$$(Ax + B)(x^2 + 4) + (Cx + D)(x^2 + 1) = 6x + 3$$
$$Ax^3 + Bx^2 + 4Ax + 4B + Cx^3 + Dx^2 + Cx + D = 6x + 3$$

Agrupe términos y resuelva el siguiente sistema de ecuaciones:

$$
\begin{array}{ll}
A + C = 0 \qquad\qquad & C = -A \\
B + D = 0 & D = -B \\
4A + C = 6 & 3A = \quad 6 \\
4B + D = 3 & 3B = \quad 3
\end{array}
$$

El valor de cada coeficiente es: $\quad A = 2, \quad B = 1, \quad C - 2, \quad D = -1.$

Integre cada término:

$$\int \frac{6x + 3}{(x^2 + 1)(x^2 + 4)}\, dx = \int \frac{2x}{x^2 + 1}\, dx + \int \frac{1}{x^2 + 1}\, dx - \int \frac{2x}{x^2 + 4}\, dx - \int \frac{1}{x^2 + 4}\, dx$$

$$= \ln |x^2 + 1| + \tan^{-1} x - \ln |x^2 + 4| + \frac{1}{2}\tan^{-1}\left(\frac{x}{2}\right) + C$$

Caso 4: $Q(x)$ tiene factores cuadráticos repetidos

Si $Q(x) = (ax^2 + bx + c)^r$, donde el término cuadrático es irreducible, la función racional f se descompone en las siguientes fracciones parciales:

$$f(x) = \frac{P(x)}{Q(x)} = \frac{A_1 x + B_1}{ax^2 + bx + c} + \frac{A_2 x + B_2}{(ax^2 + bx + c)^2} + \cdots + \frac{A_r x + B_r}{(ax^2 + bx + c)^r}$$

Ejercicio 5: *Integre las siguientes funciones.*

a. $\displaystyle\int \frac{16}{x(x^2+4)^2}\,dx$ $\qquad$ $\displaystyle\frac{16}{x(x^2+4)^2} = \frac{A}{x} + \frac{Bx+C}{x^2+4} + \frac{Dx+E}{(x^2+4)^2}$

Multiplique por $x(x^2+4)^2$.

$$A(x^2+4)^2 + (Bx+C)x(x^2+4) + (Dx+E)x = 16$$
$$Ax^4 + 8Ax^2 + 16A + Bx^4 + Cx^3 + 4Bx^2 + 4Cx + Dx^2 + Ex = 16$$
$$(A+B)x^4 + Cx^3 + (8A+4B+D)x^2 + (4C+E)x + 16A = 16$$

Agrupe términos y resuelva el siguiente sistema de ecuaciones:

$$
\begin{array}{ll}
A+B = 0 & \qquad B = -A = -1 \\
C = 0 & \qquad C = 0 \\
8A+4B+D = 0 & \qquad D = -4B - 8A = -4 \\
4C+E = 0 & \qquad E = -4C = 0 \\
16A = 16 & \qquad A = 1
\end{array}
$$

Integre cada término:

$$\int \frac{16}{x(x^2+4)^2}\,dx = \int \frac{1}{x}\,dx \;-\; \int \frac{x}{x^2+4}\,dx \;-\; \int \frac{4x}{(x^2+4)^2}\,dx$$

$$= \ln|x| \;-\; \frac{1}{2}\ln(x^2+4) \;+\; \frac{2}{x^2+4} \;+\; C$$

b. $\displaystyle\int \frac{x^3+x^2+3x+9}{(x^2+9)^2}\,dx$ $\qquad$ $\displaystyle\frac{x^3+x^2+3x+9}{(x^2+9)^2} = \frac{Ax+B}{x^2+9} + \frac{Cx+D}{(x^2+9)^2}$

Multiplique por $(x^2+9)^2$.

$$(Ax+B)(x^2+9) + Cx + D = x^3+x^2+3x+9$$
$$Ax^3 + Bx^2 + 9Ax + 9B + Cx + D = x^3+x^2+3x+9$$

Agrupe términos y resuelva el siguiente sistema de ecuaciones:

$$
\begin{array}{ll}
A = 1 & \qquad A = 1 \\
B = 1 & \qquad B = 1 \\
9A+C = 3 & \qquad C = 3 - 9A = -6 \\
9B+D = 9 & \qquad D = 9 - 9B = 0
\end{array}
$$

Integre cada término:

$$\int \frac{x^3+x^2+3x+9}{(x^2+9)^2}\,dx = \int \frac{x}{x^2+9}\,dx + \int \frac{1}{x^2+9}\,dx - \int \frac{6x}{(x^2+9)^2}\,dx$$

$$= \frac{1}{2}\ln|x^2+9| + \frac{1}{3}\tan^{-1}\left(\frac{x}{3}\right) + \frac{3}{x^2+9} + C$$

División Larga y Fracciones Parciales

Si el grado del denominador es igual o menor que el grado del numerador, la fracción es conocida como una **fracción impropia**.

Por ejemplo, $\dfrac{x^4 + 81}{x^4 - 1}$ y $\dfrac{x^2 + 4x + 2}{x - 3}$ son fracciones impropias.

Realice la división larga para reescribir una fracción impropia como fracción propia.

Divida cada término del numerador $P(x)$ por el denominador $Q(x)$, cada término del numerador y del denominador debe estar ordenado en potencias descendentes.

$$
Q(x) \overline{\smash{)}P(x)}^{\displaystyle S(x)}
$$

$$
\overline{R(x)} \quad \vdots
$$

La división larga nos permite reescribir la función racional $f(x) = \dfrac{P(x)}{Q(x)}$ como:

$$
\frac{P(x)}{Q(x)} = \overbrace{S(x)}^{cociente} + \frac{\overbrace{R(x)}^{residuo}}{\underbrace{Q(x)}_{divisor}} .
$$

Ejercicio 6: *Evalúe* $\displaystyle \int \frac{x^4 + 1}{x - 1}\, dx$

Realice la división larga

$$
\begin{array}{r}
x^3 + x^2 + x + 1 \\
x - 1 \overline{\smash{)}\, x^4 + 1} \\
-x^4 + x^3 \\
\hline
x^3 \\
-x^3 + x^2 \\
\hline
x^2 \\
-x^2 + x \\
\hline
x + 1 \\
-x + 1 \\
\hline
2
\end{array}
$$

$$
\int \frac{x^4 + 1}{x - 1}\, dx = \int \left(x^3 + x^2 + x + 1 + \frac{2}{x - 1} \right) dx
$$

$$
= \frac{x^4}{4} + \frac{x^3}{3} + \frac{x^2}{2} + x + 2\ln|x - 1| + C
$$

Ejercicio 7: Evalúe las siguientes integrales

a. $\int \dfrac{x^3 - 7x - 10}{x^2 - 5x + 6}\, dx$ Realice la división larga.

$$
\begin{array}{r}
x\ \ +5 \\ \hline
x^2 - 5x + 6\ \big)\ \ x^3\qquad\ \ -7x - 10 \\
-x^3 + 5x^2\ -6x \\ \hline
5x^2 - 13x - 10 \\
-5x^2 + 25x - 30 \\ \hline
12x - 40
\end{array}
$$

$$\int \frac{x^3 - 7x - 10}{x^2 - 5x + 6}\, dx = \int \left(x + 5 + \frac{12x - 40}{x^2 - 5x + 6} \right) dx$$

Encuentre los coeficientes:

$$\frac{12x - 40}{x^2 - 5x + 6} = \frac{A}{x - 3} + \frac{B}{x - 2}$$

$$12x - 40 = A(x - 2) + B(x - 3)$$

$$x = 3: \qquad\qquad -4 = \quad A$$

$$x = 2: \qquad\qquad -16 = -B$$

Integre la función:

$$\int \frac{x^3 - 7x - 10}{x^2 - 5x + 6}\, dx = \int \left(x + 5 - \frac{4}{x - 3} + \frac{16}{x - 2} \right) dx$$

$$= \frac{x^2}{2} + 5x - 4\ln|x - 3| + 16\ln|x - 2| + C$$

b. $\int \dfrac{2x^2 + 2x + 1}{x^2 + 1}\, dt$ Realice la división larga.

$$
\begin{array}{r}
2 \\ \hline
x^2 + 1\ \big)\ \ 2x^2 + 2x + 1 \\
-2x^2\qquad\ \ -2 \\ \hline
2x - 1
\end{array}
$$

$$\int \frac{2x^2 + 2x + 1}{x^2 + 1}\, dx = \int \left(2 + \frac{2x}{x^2 + 1} - \frac{1}{x^2 + 1} \right) dx$$

$$= 2x + \ln|x^2 + 1| + \tan^{-1} x + C$$

22. Ecuaciones Diferenciales Separables [2] (15.5)

Resuelva una ecuación cuya incógnita es una función desconocida.
Si la ecuación contiene una derivada se llama **ecuación diferencial** (ED) .

Ecuación Diferencial de Primer Orden

Una ecuación diferencial de **primer orden** sólo incluye una derivada de primer orden y ninguna de orden superior.   Tiene la forma general

$$\frac{dy}{dx} = F(x, y)$$

Por ejemplo, $y' = -3x^2 y^2$ & $y' = \sqrt{y + x}$ son ecuaciones diferencial de **primer orden**.

Una solución de la ecuación diferencial es cualquier función $y = f(x)$ que satisface la ED y que está definida en un intervalo.

Método de Separación de variables

Ecuación Diferencial Separable

Una ecuación diferencial separable es una ecuación de primer orden cuyo lado derecho es un producto de una función en x y de una función en y.   Tiene la forma:

$$\frac{dy}{dx} = f(x)g(y)$$

Para resolver esta ED se piensa en la derivada $\dfrac{dy}{dx}$ como un cociente de diferenciales y las variables se separaran algebraicamente.
En cada lado sólo aparece una variable y no hay ningún diferencial en el denominador.

$$\frac{dy}{dx} = f(x)g(y)$$
$$\frac{dy}{g(y)} = f(x)dx$$
$$\int \frac{dy}{g(y)} = \int f(x)dx + C$$

Después de integrar ambos lados de la ecuación, se resuelve para y (si es posible) para encontrar una función solución.

Aunque hayan dos integrales indefinidas, las constantes de integración arbitrarias se pueden combinar en una sola.

Ejercicio 1: Resuelva la siguiente ecuación diferencial $\dfrac{dy}{dx} = -3x^2 y^2$.

$$\text{Separe las variables:} \qquad -\frac{dy}{y^2} = 3x^2 dx$$

$$\text{Integre cada lado:} \qquad -\int y^{-2}\, dy = \int 3x^2\, dx$$

$$\frac{1}{y} = x^3 + C$$

$$\text{Resuelva para } y: \qquad y = \frac{1}{x^3 + C}$$

Derive $y(x)$ para verificar que es una solución de la ecuación diferencial.

$$\frac{dy}{dx} = -3x^2 \frac{1}{x^3 + C} = -3x^2 y$$

Tipos de soluciones de una ecuación diferencial

- **Solución General:** la solución de la ED tiene una constante arbitraria. La solución general $y(x) + C$ es una familia de funciones.

- **Solución Particular:** la solución de la ecuación diferencial satisface una condición en y, como $y(a) = y_o$.

Condiciones Iniciales

Suponga que se tiene la condición de que $y = y_0$ cuando $x = a$, es decir $y(a) = y_0$. Esta condición se conoce como **condición inicial** y nos permite encontrar una solución particular a la ecuación diferencial.

Ejercicio 2: Resuelva la ecuación diferencial $\dfrac{dy}{dx} = y^2 \sec x \tan x$ *sujeta a* $y(0) = \dfrac{1}{2}$.

$$\text{Separe las variables:} \qquad \frac{dy}{y^2} = \sec x \tan x\, dx$$

$$\text{Integre cada lado:} \qquad -\frac{1}{y} = \sec x + C$$

$$\text{Resuelva para } y: \qquad y = \frac{-1}{\sec x + C}$$

Utilice la condición inicial $y(0) = \frac{1}{2}$ para encontrar el valor de C.

$$y(0) = \frac{-1}{\sec 0 + C} = \frac{-1}{1 + C} = \frac{1}{2}$$

$$1 + C = -2 \qquad \Rightarrow \qquad C = -3$$

La solución particular de la ED es: $y = \dfrac{-1}{\sec x + -3}$.

Ejercicio 2: Resuelva $\dfrac{dy}{dx} = -\dfrac{y}{x^2}$ *si* $y(1) = e^2$. *Asuma que* $x, y \geqslant 0$.

Separe variables:
$$\frac{dy}{y} = -\frac{dx}{x^2}$$

Integre cada lado:
$$\ln y = \frac{1}{x} + C_1$$

Resuelva para y:
$$e^{\ln y} = e^{C_1 + 1/x}$$

$$y = Ce^{1/x}$$

Por facilidad, la constante de integración se reescribió como $e^{C_1} = C$.

Use la condición inicial $y(1) = e^2$ para encontrar el valor de C.

$$y(1) = Ce = e^2$$

$$C = \frac{e^2}{e} = e$$

La solución particular de la ED es: $y(x) = ee^{1/x} = e^{1+1/x}$.

En algunas ecuaciones diferenciales la solución es una ecuación implícita en x & y.

Por ejemplo, resuelva la ED $\dfrac{dy}{dx} = -\dfrac{x}{y}$, $y(0) = -R$.

Separe variables: $\qquad\qquad y\,dy = -x\,dx$

Integre cada lado: $\qquad\quad 0.5y^2 = -0.5(x^2 + C)$

Multiplique por 2: $\qquad\quad y^2 = -x^2 + C$

Use $y(0) = R$: $\qquad\qquad R^2 = -0^2 + C \qquad\quad C = R^2$

Reescriba: $\qquad\qquad\quad x^2 + y^2 = R^2$

La solución es una circunferencia de radio R.

Crecimiento y decaimiento exponenciales

En un modelo de crecimiento exponencial o natural, la razón de cambio de una cantidad en el tiempo, $\dfrac{dy}{dt}$, es proporciona a la cantidad presente y. Este modelo tiene la ED:

$$\frac{dy}{dt} = ry, \qquad y(0) = y_o$$

La constante de proporcionalidad r es la tasa relativa de crecimiento y usualmente se expresa como un porcentaje sobre una unidad de tiempo.

Por ejemplo, $r = 0.02$ / mes significa que la cantidad aumenta a una tasa mensual del 2 %.

Resuelva esta ecuación por medio de separación de variables.

$$\frac{dy}{y} = r\,dt$$

$$\int \frac{dy}{y} = \int r\,dt$$

$$\ln y = C_1 + rt$$

$$y = e^{C_1 + rt} = Ce^{rt}$$

Use propiedades de logaritmos $e^{\ln y} = y$.

Use la condición inicial $y(0) = y_o$.

$$y(0) = Ce^0 = C = y_0$$

Modelo de Crecimiento Exponencial

La solución de la ecuación diferencial $y'(t) = ry,$ $\quad y(0) = y_o$ es:

$$y = y_0 e^{rt}$$

Hay muchas cantidades naturales y económicas, como la población y el interés compuesto de manera continua, cuya razón de cambio es proporcional a la cantidad presente.

Ejercicio 3: En 1970, la población en Arlington era de 400 mil personas. Veinte años después la población en esta ciudad aumentó a 600 mil personas. ¿Cuál es la población esperada para el año 2020? Utilice 1970 como el año base.

Utilice el modelo de crecimiento exponencial $y = y_0 e^{rt} = 400 e^{rt}$.

Encuentre la tasa de crecimiento r usando $y(20) = 600$ mil.

Use la condición:	$y(20) = 400 e^{20r} = 600$
Divida por 400:	$e^{20r} = 1.5$
Tome logaritmos:	$20r = \ln 1.5$
Encuentre r :	$r = \dfrac{1}{20} \ln 1.5$
Modelo Poblacional:	$y(t) = 400 e^{t/20 \ \ln 1.5}$
Simplifique:	$y(t) = 400 e^{\ln(1.5)^{t/20}} = 400 \cdot 1.5^{t/20}$

La población esperada para el año 2020 es $y(50)$:

$$y(50) = 400 \cdot 1.5^{2.5} \approx 1,102.270 \text{ miles}$$

Para el 2020 se espera que Arlington tenga alrededor de 1.102 millones de habitantes.

23.   Aplicaciones de las Ecuaciones Diferenciales [2] (15.6)

Crecimiento Logístico

El modelo de crecimiento exponencial

$$y = y_o e^{kt}$$

Asume que la razón entre la tasa instantánea de cambio $\dfrac{dy}{dt}$ y la población es y es constante:

$$\frac{dy/dt}{y} = k$$

Cuando una población llega a ser lo suficientemente grande, la tasa relativa de crecimiento disminuye por factores como la disponibilidad de alimentos, sobrepoblación, crecimiento económico, etc.

El modelo logístico asume que la población está limitada a un número máximo M, y que cuando la población se acerca este número $\dfrac{dy}{dt} \to 0$. En este modelo se tiene una combinación del crecimiento exponencial y del límite de la población máxima.

En este modelo la tasa instántanea de cambio es proporcional al producto de la población y por la fracción $\dfrac{M - y}{M}$.

Ecuación Diferencial Modelo Logístico

$$\frac{dy}{dt} = ky \left(\frac{M - y}{M} \right) , \qquad y(0) = y_0$$

Observaciones:

- Si $y(t) < M$ entonces $\dfrac{dy}{dt} \approx ky$ hay un crecimiento exponencial.

- Si $y(t) \to M$ entonces $\dfrac{dy}{dt} \approx 0$ el crecimiento se estanca.

- Si $y(t) > M$, entonces $\dfrac{dy}{dt} < 0$, la población disminuye a M.

Solución de la Ecuación Diferencial Logística

Utilice separación de variables.

$$\frac{Mdy}{y(M-y)} = kdt$$

$$\int \frac{Mdy}{y(M-y)} = kt + C_1$$

La Integral en y se resuelve por medio de fracciones parciales.

$$\frac{Mdy}{y(M-y)} = \frac{A}{y} + \frac{B}{M-y}$$

$$M = A(M-y) + By$$

El denominador tiene ceros en 0 y en M

Evalúe en $y = 0$	$M = AM + 0$	$A = 1$
Evalúe en $y = M$	$M = 0 + BM$	$B = 1$

Integre la función y simplifique

$$\int \frac{Mdy}{y(M-y)} \, dy = \int \frac{dy}{y} + \int \frac{dy}{M-y}$$

$$= \ln|y| - \ln|M-y| \qquad = \ln\left|\frac{y}{M-y}\right|$$

Resuelva para $y(t)$, utilice propiedades de funciones exponenciales $e^{\ln u} = u$.

$$\ln\left|\frac{y}{M-y}\right| = kt + C_1$$

$$\frac{y}{M-y} = e^{C_1 + kt} = Ce^{kt} \qquad (1)$$

$$y = CMe^{kt} - yCe^{kt}$$

$$y(1 + Ce^{kt}) = CMe^{kt}$$

$$y(t) = \frac{CMe^{kt}}{1 + Ce^{kt}} \qquad (2)$$

Esta solución debe satisfacer la condición inicial $y(0) = y_0$, sustiuya en la ecuación (1) para encontrar que

$$\frac{y_0}{M - y_0} = C$$

La solución del modelo logístico es:

$$y(t) = \frac{\frac{y_0 M}{M-y_0}e^{kt}}{1 + \frac{y_0}{M-y_0}e^{kt}} = \frac{My_0 e^{kt}}{M - y_0 + y_0 e^{kt}}$$

Ecuación Diferencial Logística

La solución de la ecuación diferencial $\dfrac{dy}{dt} = ky\left(\dfrac{M-y}{M}\right)$, $\quad y(0) = y_0$ es

$$y(t) = \frac{My_0 e^{kt}}{M - y_0 + y_0 e^{kt}}$$

Observaciones:

- $y(0) = \dfrac{My_0}{M - y_0 + y_0} = \dfrac{My_0}{M} = y_0$

- La ecuación logística tiene dos asíntotas horizontales en $y = 0$ & en $y = M$

$$\lim_{y \to \infty} \frac{My_0 e^{kt}}{M - y_0 + y_0 e^{kt}} \overset{LH}{=} \lim_{y \to \infty} \frac{kMy_0 e^{kt}}{ky_0 e^{kt}} = \lim_{y \to \infty} \frac{kMy_0}{ky_0} = M$$

$$\lim_{y \to -\infty} \frac{My_0 e^{kt}}{M - y_0 + y_0 e^{kt}} = \frac{0}{M - y_0 + 0} = 0$$

- La gráfica de la ecuación logística tiene una forma de una "S alargada."

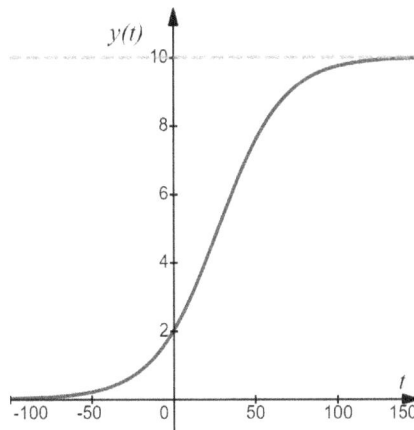

Curva Logística para $y_0 = 2$, $k = 5\,\%$, $M = 10$

Función Logística Verhulst- Pearl

Si se divide esta ecuación por $y_0 e^{kt}$, la ecuación logística se reescribe como:

$$y(t) = \frac{M}{1 + be^{kt}},$$

donde $b = \dfrac{M - y_0}{y_0}$.

Ejercicio 1: El archipiélago de Kiribati sigue un crecimiento logístico y está limitado a 200 mil habitantes. En 1990, la población era de 40 mil y en 2000 la población fue de 80 mil.

a. Encuentre la ecuación logística.

La ecuación diferencial que modela la población es:

$$\frac{dy}{dt} = ky\left(\frac{200 - y}{200}\right), \qquad y(0) = 40$$

El año base $(t = 0)$ es 1995.

La solución de esta ecuación diferencial es la función logística.

$$y(t) = \frac{200(40)e^{kt}}{200 - 40 + 40e^{kt}} = \frac{200e^{kt}}{4 + e^{kt}}$$

b. Encuentre la tasa relativa de crecimiento k.

Utilice $P(5) = 60$ para encontrar la tasa relativa de crecimiento.

$$y(5) = \frac{200e^{10k}}{4 + e^{10k}} = 80$$
$$200e^{10k} = 320 + 80e^{10k}$$
$$120e^{10k} = 320$$
$$e^{10k} = \frac{32}{12}$$
$$k = \frac{1}{10}\ln\left(\frac{8}{3}\right) \approx 0.0981$$

c. ¿Cuál fue la población de Kiribati en el año 2010?

La población en el año 2010 es $y(20)$.

$$y(20) = \frac{200e^{0.0981(20)}}{4 + e^{0.0981(20)}} = \frac{200 \cdot 7.111}{4 + 7.111} = 200 \cdot 0.64 = 128$$

La población de Kiribati en el año 2010 fue de 128 mil habitantes.

Difusión de un rumor

Sea $y(t)$ el número de personas que conocen el rumor en el tiempo t en un población de tamaño M. Quienes conocen el rumor lo difunden de manera aleatoria entre la población y quienes escuchan el rumor se convierten en difusores del rumor. Cada persona que conoce el rumor lo comunica a k individuos por unidad de tiempo. El número de personas que oyen el rumor en cada tiempo es de yk y la proporción de personas que conoce el rumor es la fracción $\frac{M-y}{M}$. La razón de cambio de los nuevos conocedores del rumor es:

$$\frac{dy}{dt} = ky \left(\frac{M - y}{M} \right),$$

el cual es un modelo logístico. La solución del modelo logístico es:

$$y = \frac{Me^{rt}}{(M - y_0)/y_0 + e^{rt}}$$

Con este modelo se puede analizar cómo se difunde una moda o un rumor en una población.

Ejercicio 2: Una universidad tiene 45,000 estudiantes. Inicialmente, 300 personas conocen el rumor, luego de una semana 2,700 lo conocen.

a. Encuentre la ecuación que describe cuántas personas conocen el rumor a las t semanas.

La ecuación diferencial logística describe cómo se difunde el rumor.

$$\frac{dy}{dt} = ky \left(\frac{45,000 - y}{45000} \right), \qquad y(0) = 300 \quad y(t) = \frac{45,000(300)e^{kt}}{45,000 - 300 + 300e^{kt}} = \frac{45,000e^{kt}}{149 + e^{kt}}$$

Encuentre la tasa relativa de crecimiento k usando $y(1) = 2,700$

$$y(1) = \frac{45,000e^k}{149 + e^k} = 2,700$$
$$45,000e^k - 402,300 + 2,700e^k$$
$$42,300e^k = 402,300$$
$$e^k = \frac{447}{47}$$
$$k = \ln \left(\frac{447}{47} \right) \approx 2.2524$$

b. ¿Cuántas personas conocen el rumor después de 3 semanas?

$$y(3) = \frac{45,000e^{3(2.2524)}}{149 + e^{3(2.2524)}} = 45,000\frac{860.2585}{149 + 860.2585} \approx 38,357$$

A las 3 semanas, 38,357 personas (un 85 %) conocen el rumor.

Ley de Enfriamiento de Newton

La temperatura T de un objeto en proceso de enfriamiento cambia a una razón proporcional a la diferencia entre la temperatura del objeto y la temperatura ambiente T_s. La ecuación diferencial que describe la temperatura del objeto es:

$$\frac{dT}{dt} = k(T - T_s) \qquad T(0) = T_0$$

$k < 0$ es una constante de enfriamiento y T_0 es la temperatura inicial del objeto.

La ecuación diferencial se resuelve utilizando separación de variables.

$$\frac{dT}{T - T_s} = kdt$$

$$\int \frac{dT}{T - T_s} = \int kdt$$

$$\ln|T - T_s| = kt + C_1$$

$$T - T_s = Ce^{kt} \qquad C = e^{C_1}$$

$$T = T_s + Ce^{kt}$$

Utilice la condición inicial $T(0) = T_0$ para encontrar el valor de C.

$$T_s + Ce^0 = T_0$$

$$C = T_0 - T_s$$

Ley de Enfriamiento de Newton

La solución de la ecuación diferencial $\dfrac{dT}{dt} = k(T - T_s), \quad T(0) = T_0$ es:

$$T(t) = T_s + (T_0 - T_s)e^{kt}$$

Observaciones:

- Como $k < 0$ a medida que $t \to \infty$, la temperatura a la temperatura ambiente $T \to T_s$.

- Si $T_o > T_s$, el objeto se enfría a la temperatura ambiente.

- Si $T_o < T_s$, el objeto aumenta su temperatura a la temperatura ambiente.

24. Ecuaciones Diferenciales Exactas [4] (2.4)

Una ecuación diferencial (ED) de primer orden

$$\frac{dy}{dx} = \frac{M(x,y)}{N(x,y)}$$

se puede reescribir en términos de los diferenciales dy & dx.

$$M(x,y)dx - N(x,y)dy = 0$$

Si la ED es separable, entonces $M(x,y) = f(x)$ & $N(x,y) = g(y)$

$$f(x)dx - g(y)dy = 0$$

La solución de la ED se obtiene al integrar cada variable por separado y resolver para y.

Una ecuación diferencial de primer orden no siempre es posible resolverla por medio de separación de variables, por lo que existen varios métodos para resolver cada caso de una ED de primer orden.

1. Ecuación Diferencial Separable

2. Ecuación Diferencial Exacta

3. Ecuación Diferencial Lineal

4. Ecuación Diferencial Homogénea

5. Ecuación Diferencial de Bernoulli

6. Factores Integrantes

Ecuaciones Diferenciales Exactas

La ecuación diferencial de primer orden

$$M(x,y)dx + N(x,y)dy = 0$$

es **exacta** si y sólo si $\dfrac{\partial M}{\partial y} = \dfrac{\partial M}{\partial x}$.

Ejercicio 1: Determine si las siguientes EDs son exactas.

a. $\dfrac{dy}{dx} = \dfrac{3x^2 + 6x}{2y - x^3}.$

Reescríbala en su forma diferencial $(3x^2 + 6x)dx + (x^3 - 2y)dy = 0.$

$$M(x, y) = 3x^2y - 6x \qquad \frac{\partial M}{\partial y} = 3x^2$$

$$N(x, y) = x^3 - 2y \qquad \frac{\partial N}{\partial x} = 3x^2$$

La ED es exacta porque las dos derivadas parciales son iguales.

b. $(6xy + y^2)dy \ + \ (3x^2 + xy)dx = 0$

$$M(x, y) = 3x^2 + xy \qquad \frac{\partial M}{\partial y} = x$$

$$N(x, y) = 6xy + y^2 \qquad \frac{\partial N}{\partial x} = 6y$$

La ED no es exacta porque $\dfrac{\partial M}{\partial y} \neq \dfrac{\partial M}{\partial x}$.

c. $\dfrac{dy}{dx} = ry$

La ED del crecimiento exponencial es separable pero también es exacta $M_y = N_x = 0.$

$$r\,dx - \frac{1}{y}dy = 0$$

$$M(x, y) = r \qquad \frac{\partial M}{\partial y} = 0$$

$$N(x, y) = y^{-1} \qquad \frac{\partial N}{\partial x} = 0$$

d. $[2xy + \ln(x + 3)]dx \ + \ (e^{y^2} - x^2)dy \ = \ 0$

$$M(x, y) = 2xy + \ln(x + 3) \qquad \frac{\partial M}{\partial y} = 2x$$

$$N(x, y) = e^{y^2} - x^2 \qquad \frac{\partial N}{\partial x} = -2x$$

La ED no es exacta $\dfrac{\partial M}{\partial y} \neq \dfrac{\partial M}{\partial x}$.

Solución de una Ecuación Diferencial Exacta

Se encuentra integrando cada una de las derivadas parciales y utilizando el hecho de que las derivadas parciales de una función continua de dos variables $F(x, y)$ son iguales.

$$\frac{\partial^2 F}{\partial x \partial y} = \frac{\partial^2 F}{\partial y \partial x}$$

Asuma que la solución de la ED es la ecuación implícita $F(x, y) = C$.

Utilice la regla de la cadena, F depende de x y de y, para encontrar el diferencial total dF.

$$dF = \frac{\partial F}{\partial x} dx + \frac{\partial F}{\partial x} dy = 0$$

Si $M = \dfrac{\partial F}{\partial x}$ y $N = \dfrac{\partial F}{\partial y}$, se obtiene la ED

$$M dx + N dy = 0$$

Calcule las derivadas parciales $\dfrac{\partial M}{\partial y} = \dfrac{\partial^2 F}{\partial y \partial x}$ y $\dfrac{\partial N}{\partial x} = \dfrac{\partial^2 F}{\partial x \partial y}$.

Como las derivadas parciales cruzadas son iguales $\dfrac{\partial^2 F}{\partial x \partial y} = \dfrac{\partial^2 F}{\partial y \partial x}$, $F(x, y) = C$ es la

solución de la ED si ésta es exacta $\dfrac{\partial M}{\partial y} = \dfrac{\partial N}{\partial x}$.

Solución de una ED Exacta

La ecuación implícita $F(x, y) = C$ es la solución de la ED exacta.

$$M dx + N dy = 0 \qquad\qquad \frac{\partial M}{\partial y} = \frac{\partial N}{\partial x}$$

La ec. implícita $F(x, y) = C$ se obtiene al resolver las siguientes ecuaciones:

$$\frac{\partial F}{\partial x} - M(x, y) \qquad\qquad \frac{\partial F}{\partial y} = N(x, y)$$

Pasos para resolver una ED exacta

1. Integre la ec. $\dfrac{\partial F}{\partial x} = M(x, y)$.

2. La solución parcial tiene una constante arbitraria que depende de y, $F(x, y) + A(y)$.

3. Derive la solución respecto a y e iguálela a $\dfrac{\partial F}{\partial y} + A'(y) = N(x, y)$.

4. Simplifique la ec. e integre $A'(y)$.

5. La solución general es $F(x, y) = C$.

Ejercicio 2: Resuelva las siguientes ecuaciones diferenciales.

a. $(3x^2y - 6x)dx + (x^3 + 2y)dy = 0,$ $M(x,y) = 3x^2y - 6x,$ $N(x,y) = x^3 + 2y.$

La ED es exacta $\dfrac{\partial M}{\partial y} = \dfrac{\partial N}{\partial x} = 3x^2.$

La solución es la ec. $F(x,y) = C$ que se obtiene al resolver las sigs. ecuaciones:

$$M = \frac{\partial F}{\partial x} = 3x^2y - 6x \qquad\qquad N = \frac{\partial F}{\partial y} = x^3 + 2y$$

Como se integra parcialmente respecto a $x,$ la constante de integración depende de $y.$

Integre la primera ecuación respecto a $x,$ trate a y como una constante

$$F(x,y) = x^3y - 3x^2 + A(y)$$

Derive F respecto a la variable y e iguale a $M(x,y).$

$$\frac{\partial F}{\partial y} = x^3 + A'(y) = x^3 + 2y$$
$$A'(y) = 2y$$
$$A(y) = y^2$$

Combine $A(y)$ con $F(x,y)$ para obtener la solución general $F(x,y) = C.$

$$x^3y - 3x^2 + y^2 = C$$

Observaciones: la ED también se puede resolver si se integra de primero la segunda ec.

$$\frac{\partial F}{\partial y} = x^3 + 2y \qquad\qquad F(x,y) = x^3y + y^2 + B(x)$$

$$\frac{\partial F}{\partial x} = 3x^2y + B'(x) = 3x^2y - 6x$$

$$B'(x) = -6x \qquad\qquad B(x) = -3x^2$$

$$F(x,y) = x^3y + y^2 - 3x^2 = C$$

Note que se obtiene la misma solución sin importar cuál función se integra de primero.

b. $(2x^3 - xy^2 - 2y + 3)dx - (x^2y + 2x + 2y)dy = 0.$

Verifique que la ED es exacta.

$$\frac{\partial M}{\partial y} = \frac{\partial N}{\partial x} = -2xy - 2$$

Resuelva las ecuaciones $\quad \dfrac{\partial F}{\partial x} = 2x^3 - xy^2 - 2y + 3, \qquad \dfrac{\partial F}{\partial y} = -x^2y - 2x - 2y.$

$$F(x,y) = 0.5x^4 - 0.5x^2y^2 - 2yx + 3x + A(y)$$
$$\frac{\partial F}{\partial y} = -x^2y - 2x + A'(y) = -x^2y - 2x - 2y$$
$$A'(y) = -2y$$
$$A(y) = -y^2$$
$$F(x,y) = 0.5x^4 - 0.5x^2y^2 - 2yx + 3x - y^2 = C$$

c. $(\cos x \cos y - \cot x)dx + (\sec y - \sin x \sin y)dy = 0.$

Verifique que la ED es exacta.

$$\frac{\partial M}{\partial y} = \frac{\partial N}{\partial x} = -\cos x \sin y$$

Resuelva las ecuaciones $\quad \dfrac{\partial F}{\partial x} = \cos x \cos y - \cot x, \qquad \dfrac{\partial F}{\partial y} = \sec y - \sin x \sin y.$

$$F(x,y) = \sin x \cos y - \ln|\sin x| + A(y)$$
$$\frac{\partial F}{\partial y} = -\sin x \sin y + A'(y) = \sec y - \sin x \sin y$$
$$A'(y) = \sec y$$
$$A(y) = \ln|\sec x + \tan x|$$
$$F(x,y) = \sin x \cos y - \ln|\sin x| + \ln|\sec x + \tan x| = C$$

d. $rdx - \dfrac{dy}{y} = 0, \qquad M(x,y) = r, \quad N(x,y) = -y^{-1}$

La ED es separable, pero también es una ED exacta $\quad \dfrac{\partial M}{\partial y} = \dfrac{\partial N}{\partial x} = 0$

$$\frac{\partial F}{\partial x} = r \qquad\qquad\qquad F(x,y) = rx + A(y)$$
$$\frac{\partial F}{\partial y} = A'(y) = -y^{-1}$$
$$A(y) = -\ln|y|$$
$$F(x,y) = rx - \ln|y| = C$$
$$\ln|y| = rx - C$$
$$y = e^{rx-C} = C_1 e^{rx}$$

Una ecuación diferencial exacta también puede estar en términos de otras variables.

Ejercicio 3: Resuelva la ecuación diferencial.

$$(\sin\theta - 2r\cos^2\theta + 2r)dr \; + \; (2r^2\cos\theta\sin\theta + r\cos\theta + \sin\theta)d\theta = 0$$

Verifique que la ED es exacta $M_\theta \; = \; N_r$.

$$\frac{\partial M}{\partial\theta} = \cos\theta + 4r\cos\theta\sin\theta$$

$$\frac{\partial N}{\partial r} = 4r\cos\theta\sin\theta + \cos\theta$$

Resuelva las ecuaciones $\dfrac{\partial F}{\partial r} = M, \quad \dfrac{\partial F}{\partial\theta} = N$

$$F(r,\theta) = r\sin\theta - r^2\cos^2\theta + r^2 + A(\theta)$$

$$\frac{\partial F}{\partial\theta} = r\cos\theta + 2r^2\cos\theta\sin\theta + A'(\theta) = 2r^2\cos\theta\sin\theta + r\cos\theta + \sin\theta$$

$$A'(\theta) = \sin\theta$$

$$A(\theta) = -\cos\theta$$

La solución general es la ec. implícita $F(x,y) = C$

$$r\sin\theta - r^2\cos^2\theta + r^2 - \cos\theta = C$$

25. Ecuaciones Diferenciales Lineales [4] (2.5)

Si la ecuación diferencial de primer orden

$$N\,dy + M\,dx = 0$$

no es exacta, entonces la ecuación diferencial se puede volver exacta si se multiplica por una función adecuada, la cual es llamada **factor de integración** y si se utiliza las reglas de derivación apropiadas.

En algunos problemas es difícil encontrar esa función, pero en las ecuaciones lineales de primer orden se puede encontrar el factor de integración.

Una ecuación diferencial (ED) de primer orden lineal tiene la forma

$$A(x)\frac{dy}{dx} + B(x)y = C(x)$$

Si se divide esta ecuación por $A(x)$ se obtiene la forma estándar de una ED lineal.

Forma Estándar de una ED lineal

La forma canónica o estándar de una ecuación diferencial lineal es:

$$\frac{dy}{dx} + P(x)y = Q(x)$$

donde $P(x) = \dfrac{B(x)}{A(x)},\quad Q(x) = \dfrac{C(x)}{A(x)}$.

La forma diferencial de esta ED es: $\quad dy + [P(x)y - Q(x)]dx = 0$.

Note que esta ED no es exacta $N_x \neq M_y$.

$$N = 1 \qquad\qquad \frac{\partial N}{\partial x} = 0$$

$$M = yP(x) - Q(x) \qquad\qquad \frac{\partial M}{\partial y} = P(x)$$

Solución de una Ecuación Diferencial Lineal

Multiplique la ED lineal por un factor de integración $v(x)$

$$v(x)\frac{dy}{dx} + v(x)P(x)y = v(x)Q(x)$$
$$v(x)dy + [v(x)P(x)y - v(x)Q(x)]dx = 0$$

En esta ED de primer orden

$$N = v(x) \qquad\qquad \frac{\partial N}{\partial x} = \frac{dv}{dx}$$

$$M = v(x)P(x)y - Q(x)v(x) \qquad\qquad \frac{\partial M}{\partial y} = P(x)v(x)$$

Para que la ED sea exacta $\ N_x = M_y$. Resuelva la sig. ED para encontrar $v(x)$.

$$\frac{dv}{dx} = vP(x)$$

$$\frac{dv}{v} = P(x)dx$$

$$\ln |v| = \int P(x)dx$$

$$v = e^{\int P(x)dx}$$

Por simplicidad no se incluye la constante de integración.
Utilice la regla del producto para simplificar la ED.

$$\frac{d}{dx}\left(vy \right) = v\frac{dy}{dx} + \frac{dv}{dx}y$$

$$= v\frac{dy}{dx} + vP(x)y$$

$$v\frac{dy}{dx} + vP(x)y = Q(x)$$

$$\frac{d}{dx}\left(vy \right) = Q(x)$$

Integre el lado derecho respecto a x y resuelva para y.

$$v(x)y = \int Q(x)dx + C$$

$$y = \frac{\int Q(x)dx}{v(x)} + \frac{C}{v(x)}$$

$$y = e^{-\int P(x)dx}\int Q(x)dx + Ce^{-\int P(x)dx}$$

Solución de la ED lineal

La ecuación diferencial lineal de primer orden

$$\frac{dy}{dx} + P(x)y = Q(x)$$

tiene la solución general

$$y = e^{-\int P(x)dx}\int Q(x)dx + Ce^{-\int P(x)dx}$$

La función $\ v(x) = e^{\int P(x)dx}\ $ se conoce como el **factor de integración.**

Pasos para resolver una ED lineal

1. Divida la ED lineal por $A(x)$ para obtener su forma estándar.

2. Encuentre el factor de integración $\quad v = e^{\int P(x)dx}$.

3. Multiplique la ED por el factor de integración .

4. Integre la ED exacta $\quad (vy)' = Q(x)$

5. La solución general es $\quad y = e^{-\int P(x)dx} \int Q(x)dx + Ce^{-\int P(x)dx}$.

Ejercicio 1: Resuelva las siguientes ecuaciones diferenciales.

a. $2(y - 4x^2)dx + xdy = 0$.

Reescriba la ED lineal en su forma estándar

$$x\frac{dy}{dx} + 2y - 8x^2 = 0$$

$$\frac{dy}{dx} + \frac{2}{x}y = 8x$$

En este caso $\quad P(x) = \dfrac{2}{x}$, obtenga el factor integrante.

$$\int P(x)dx = \int \frac{2}{x}dx = 2\ln(x) = \ln(x^2)$$

$$e^{\int P(x)dx} = e^{\ln(x^2)} = x^2$$

Multiplique la ED por el factor integrante y utilice la regla del producto.

$$x^2\frac{dy}{dx} + 2xy = 8x^3$$

$$\frac{d}{dx}\left(x^2y\right) = 8x^3$$

Integre la ED y resuelva para y

$$x^2y = \int 8x^3\, dx = 2x^4 + C$$

$$y = 2x^2 + Cx^{-2}$$

b. $y' = 6x^2 - 2xy$.

Forma Estándar:	$y' + 2xy = 6x$
Factor Integrante:	$e^{\int P(x)dx} = e^{\int 2xdx} = e^{x^2}$
Multiple por el FI:	$e^{x^2}y' + 2xe^{x^2}y = 6xe^{x^2}$
Regla del Producto:	$\left(e^{x^2}y\right)' = 6xe^{x^2}$
Integre:	$e^{x^2}y = \int 6xe^{x^2}\, dx = 3e^{x^2} + C$
Solución General:	$y = 3 + Ce^{-x^2}$

c. $(\cos x + 2y \cos x)dx - \sin x dy = 0.$

Reescriba la ED en su forma estándar de ED lineal

$$\sin x \frac{dy}{dx} = \cos x + 2y \cos x$$

$$\frac{dy}{dx} = \frac{\cos x}{\sin x} + 2y \frac{\cos x}{\sin x}$$

$$\frac{dy}{dx} - 2y \frac{\cos}{\sin x} = \frac{\cos x}{\sin x}$$

Obtenga el factor integrante $v(x)$.

$$\int P(x)\, dx = -2 \int \frac{\cos x}{\sin x} dx = -2 \ln |\sin x|$$

$$v(x) = e^{\int P(x)\, dx} = e^{\ln |\sin x|^{-2}} = \frac{1}{\sin^2 x}$$

Multiplique la ED por $v(x)$ e integre la ED.

$$\frac{1}{\sin^2 x} \frac{dy}{dx} - 2y \frac{\cos}{\sin^3 x} = \frac{\cos x}{\sin^3 x}$$

$$\frac{d}{dx} \left(\frac{y}{\sin^2 x} \right) = \frac{\cos x}{\sin^3 x}$$

$$\frac{y}{\sin^2 x} = \int \sin^{-3} x \cos x\, dx = -\frac{1}{2 \sin^2 x} + C$$

$$y = -\frac{1}{2} + C \sin^2 x$$

d. $10 \frac{dy}{dt} + 20y = 40 e^{-2t} \sin 2t$

Divida la ED lineal por 10 para obtener su forma estándar

$$\frac{dy}{dt} + 2y = 4 e^{-2t} \sin 2t$$

Multiplique la ED por el factor integrante $e^{\int P(t)\, dt} = e^{\int 2\, dt} = e^{2t}$.

$$e^{2t} \frac{dy}{dt} + 2e^{2t} y = 4 e^{2t} e^{-2t} \sin 2t$$

$$(e^{2t} y)' = 4 \sin 2t$$

$$e^{2t} y = \int 4 \sin 2t\, dt = -2 \cos 2t + C$$

$$y = -2 e^{-2t} \cos 2t + C e^{-2t}$$

26. Ecuaciones Diferenciales Homogéneas [4] (2.3)

Funciones Homogéneas

Los polinomios en los que todos los términos son del mismo grado, como

$$x^3 - 3x^2y + 3xy^2 - y^3, \qquad x6^4 + y^4 + z^4, \qquad x^3y^2 + 8xy^4$$

son llamados **homogéneos**.

Este concepto se puede extender para funciones que no son polinomios.

Función Homogénea

Una función $f(x, y)$ es homogénea de grado n en x & y si y sólo si

$$f(kx, ky) = k^n f(x, y)$$

---

n es la potencia y k es un factor de escala.

- k^0 es una función homogénea de grado 0 ó constante.

- k^1 es una función homogénea de grado 1 ó lineal.

- k^2 es una función homogénea de grado 2 ó cuadrática.

Ejercicio 1: Determine si las siguientes funciones son homogéneas y su grado

a. $f(x, y) = \dfrac{y^2}{\sqrt{x^4 + y^4}}$ es de grado cero.

$$f(kx, ky) = \frac{k^2 y^2}{\sqrt{k^4 x^4 + k^4 y^4}} = \frac{y^2}{\sqrt{x^4 + y^4}} = k^0 f(x, y)$$

b. $g(x, y) = 2y^3 \cos\left(\dfrac{x}{y}\right)$ es de grado tres.

$$g(kx, ky) = 2k^3 y^3 \cos\left(\frac{kx}{ky}\right) = 2k^3 y^3 \cos\left(\frac{x}{y}\right) = k^3 g(x, y)$$

c. $h(x, y) = \tan x$ no es una función homogénea.

$$h(kx, ky) = \tan(kx) \neq k^n \tan(kx)$$

Propiedades de las funciones homogéneas

- Si $M(x, y)$ y $N(x, y)$ son funciones homogéneas del mismo grado,   entonces la función M/N es de grado cero.

- Si $f(x, y)$ es una función homogénea de grado cero en x & y,   entonces $f(x, y)$ es solamente función de x/y, es decir

$$f(x, y) = x^0 f(1, y/x) = g(y/x)$$

Ecuaciones Diferenciales Homogéneas

La ecuación diferencial de primer orden

$$N(x,y)dy + M(x,y)dx = 0$$

es **homogénea** si los coeficientes M y N son funciones homogéneas del mismo grado.

Una ecuación diferencial homogénea se resuelve utilizando propiedades de funciones homogéneas para reescribirla como una ecuación diferencial separable.
Divida la ecuación diferencial por N

$$dy + \frac{M(x,y)}{N(x,y)}dx = 0$$

La función M/N es homogénea de grado cero y se puede reescribir como función de y/x.

$$dy + g(y/x)dx = 0$$

Introduzca la nueva variable $v = y/x$, $y = vx$.

$$dy + g(v)dx = 0$$

Utilice la regla del producto para escribir dy en términos de v y x

$$dy = xdv + vdx$$
$$xdv + vdx + g(v)dx = 0$$
$$vdx + g(v)dx = -xdv$$
$$-\frac{dx}{x} = \frac{dv}{v + g(v)}$$

La ecuación diferencial es separable y se la solución implícita para la ED se encuentra al integrar cada término.

También se puede utilizar la sustitución $x = vy$ y escribir la ED en términos de v & y.

Ejercicio 2: Resuelva las siguientes ecuaciones diferenciales

a. $(x^2 - xy + y^2)dx - xydy = 0$

Los coeficientes de la ecuación diferencial son homogéneas y de grado 2.

Considere la sustitución $y = vx$, $dy = xdv + vdx$.

$$(x^2 - vx^2 + v^2x^2)dx - vx^2(xdv + vdx) = 0$$
$$(x^2 - vx^2)dx - vx^3dv = 0$$
$$x^2(1 - v)dx - vx^3dv = 0$$

Divida la ED por $(1 - v)x^3$ para obtener una ED separable.

$$\frac{x^2}{x^3}dx - \frac{v}{1 - v}dv = 0$$
$$\frac{dx}{x} + \left(1 - \frac{1}{1 - v}\right)dv = 0$$

Integre ambos términos.

$$\ln|x| + v + \ln|1 - v| = c$$
$$\ln|x(1 - v)| = c - v$$
$$x(1 - v) = e^{c-v} = c_1e^{-v}$$

Regrese a las variables originales $v = y/x$, la solución es la ecuación implícita.

$$x\left(1 - \frac{y}{x}\right) = c_1e^{y/x}$$

b. $xydx - (x^2 + 3y^2)dy = 0$

Los coeficientes de la ecuación diferencial son homogéneos y de grado 2.

Utilice la sustitución $y = vx$ $dy = vdx + xdv$.

$$vx^2dx - (x^2 + 3x^2v^2)(vdx + xdv) = 0$$
$$vx^2dx - vx^2dx - x^3dv - 3x^2v^3dx - 3x^3v^2dv = 0$$
$$-3x^2v^3dx - x^3dv - 3x^3v^2dv = 0$$
$$-3x^2v^3dx - x^3(1 + 3v^2)dv = 0$$

Divida la ED por $-x^3v^3$ para que sea separable.

$$\frac{dx}{x} + \frac{1+3v^2}{v^3}dv = 0$$

$$\frac{3dx}{x} + \left(\frac{1}{v^3} + \frac{3}{v}\right)dv = 0$$

Integre cada término de la ED:

$$3\ln|x| - \frac{1}{2v^2} + 3\ln|v| = c$$

Use $v = y/x$ y regrese a las variables originales.

$$3\ln|x| - \frac{x^2}{2y^2} + 3\ln\left|\frac{y}{x}\right| = c$$

Simplifique la solución

$$3\ln\left|x\frac{y}{x}\right| = c + \frac{x^2}{2y^2}$$

$$\ln|y| = c_1 + \frac{x^2}{6y^2}$$

$$y = c_2 e^{\frac{x^2}{6y^2}}$$

c. $(x\csc(y/x) - y)dx + xdy = 0$

Los coeficientes de la ecuación diferencial son homogéneos y de grado 1.

Utilice la sustitución $y = vx \ \ dy = vdx + xdv$.

$$(x\csc v - vx)dx + vxdx + x^2 dv = 0$$

$$x\csc vdx + x^2 dv = 0$$

$$\frac{dx}{x} + \frac{dv}{\csc v} = 0$$

Integre la ecuación Diferencial Separable.

$$\int \frac{dx}{x} = -\int \sin vdv$$

$$\ln|x| = \cos v + C$$

Use $v = y/x$ y regrese a las variables originales.

$$\int \frac{dx}{x} = -\int \sin vdv$$

$$\ln|x| = \cos\left(\frac{y}{x}\right) + C$$

A. Apéndice: Reglas Básicas de Derivación

$$\frac{d}{dx}x^n = nx^{n-1} \qquad\qquad \frac{d}{dx}\left[af(x) \pm bg(x)\right] = af'(x) \pm bg'(x)$$

$$\frac{d}{dx}\ln x = \frac{1}{x} \qquad\qquad \frac{d}{dx}\log_a x = \frac{1}{x\ln a}$$

$$\frac{d}{dx}e^x = e^x \qquad\qquad \frac{d}{dx}a^x = a^x\ln a$$

$$\frac{d}{dx}\operatorname{sen} x = \cos x \qquad\qquad \frac{d}{dx}\csc x = -\csc x\cot x$$

$$\frac{d}{dx}\cos x = -\operatorname{sen} x \qquad\qquad \frac{d}{dx}\sec x = \sec x\tan x$$

$$\frac{d}{dx}\tan x = \sec^2 x \qquad\qquad \frac{d}{dx}\cot x = -\csc^2 x$$

$$\frac{d}{dx}\sin^{-1} x = \frac{1}{\sqrt{1-x^2}} \qquad\qquad \frac{d}{dx}\tan^{-1} x = \frac{1}{1+x^2}$$

Regla del Producto:
$$\frac{d}{dx}\left[u\,v\right] = u'v + uv'$$

Regla del Cociente:
$$\frac{d}{dx}\left[\frac{u}{v}\right] = \frac{u'v - uv'}{v^2}$$

Regla de la Cadena:
$$\frac{d}{dx}f[u(x)] = \frac{df}{du}\frac{du}{dx}$$

B. Apéndice: Reglas Básicas de Integración

$$\int k\,dx = kx + C \qquad\qquad \int x\,dx = \frac{1}{2}x^2 + C$$

$$\int \frac{1}{x}\,dx = \ln x + C \qquad \int x^n\,dx = \frac{x^{n+1}}{n+1} + C \quad n \neq -1$$

$$\int e^x\,dx = e^x + C \qquad\qquad \int a^x\,dx = \frac{a^x}{\ln a} + C$$

$$\int \sin x\,dx = -\cos x + C \qquad \int \cos x\,dx = \sin x + C$$

$$\int \sec^2 x\,dx = \tan x + C \qquad \int \sec x \tan x\,dx = \sec x + C$$

$$\int \csc^2 x\,dx = -\cot x + C \qquad \int \csc x \cot x\,dx = -\csc x + C$$

$$\int \frac{1}{\sqrt{a^2 - u^2}}\,du = \sin^{-1}\left(\frac{u}{a}\right) + C \qquad \int \frac{1}{a^2 + u^2}\,du = \tan^{-1}\left(\frac{u}{a}\right) + C$$

Multiplicación Constante:
$$\int k f(x)\,dx = k \int f(x)\,dx$$

Suma/ Resta Integrales:
$$\int f(x) \pm g(x)\,dx = \int f(x)dx \pm \int g(x)dx$$

Regla de la Sustitución:
$$\int f[\,g(x)\,]\,g'(x)\,dx = \int f(u)du$$

Integración por Partes:
$$\int f(x)g'(x)\,dx = uv - \int v\,du$$

$$u = f(x) \qquad dv = g'(x)dx$$
$$du = f'(x)dx \qquad v = g(x)$$

C. Apéndice: Resumen de las Técnicas de Integración

- Regla de la Sustitución

$$\int f(\, g(x)\,)\, g'(x)\, dx \;=\; \int f(u)\, du$$

- Identidades Trigonométricas

Fundamental:
$$\sin^2 x + \cos^2 x = 1 \qquad\qquad \cot^2 x + 1 = \csc^2 x$$
$$\tan^2 x + 1 = \sec^2 x \qquad\qquad \sec^2 x - 1 = \tan^2 x$$

Suma Ángulos:
$$\sin 2x = 2\sin x \cos x \qquad\qquad \cos 2x = \cos^2 x - \sin^2 x$$

Doble Ángulo:
$$\sin^2 x = \tfrac{1}{2}\left(1 - \cos 2x\right) \qquad \cos^2 x = \tfrac{1}{2}\left(1 + \cos 2x\right)$$

- Integración Trigonométrica

  a. **Potencias Impares de Seno o Coseno:** Aparte un término $\sin x$ o $\cos x$ y utilice la identidad $\sin^2 x + \cos^2 x = 1$.

  b. **Potencias Pares de Seno o Coseno:** Utilice la identidad

  $$\sin^2 x = \tfrac{1}{2}\left(1 - \cos 2x\right) \qquad y/o \qquad \cos^2 x = \tfrac{1}{2}\left(1 + \cos 2x\right).$$

  c. **Potencia Par de tangente:** Aparte $\sec^2 x$ y use $\sec^2 x = \tan^2 x + 1$.

  d. **Potencia Impar de tangente:** Aparte $\sec x \tan x$ y use $\tan^2 x = \sec^2 x - 1$.

- Sustitución Trigonométrica

  a. $x = a \sin\theta$ sustituye $a^2 - u^2$ por $a^2 \cos^2\theta$ y $dx = a\cos\theta\, d\theta$.

  b. $x = a \tan\theta$ sustituye $a^2 + u^2$ por $a^2 \sec^2\theta$ y $dx = a\sec^2\theta\, d\theta$.

  c. $x = a \sec\theta$ sustituye $u^2 - a^2$ por $a^2 \tan^2\theta$ y $dx = a\sec\theta\tan\theta\, d\theta$.

  d. En todos los casos se recomienda trazar un triángulo apropiado.

- Integración por Partes

$$\int u\, dv \;=\; uv - \int v\, du$$

Integración de Funciones Racionales

Si el grado del denominador es igual o menor que el del numerador, realice la división larga antes de simplificar la función racionales en sus fracciones parciales.

Caso 1: $Q(x)$ es producto sólo de términos lineales no repetidos

Si el denominador $Q(x)$ se puede expresar como un producto de factores lineales no repetidos,

$$\begin{aligned} Q(x) &= (a_1x + b_1)(a_2x + b_2) \cdots (a_kx + b_k) \\ \frac{P(x)}{Q(x)} &= \frac{A_1}{a_1x + b_1} + \frac{A_2}{a_2x + b_2} + \cdots + \frac{A_k}{a_kx + b_k} \end{aligned}$$

Caso 2: $Q(x)$ es producto de términos lineales, alguno(s) repetido(s)

Cuando alguno de los factores en el denominador es un factor lineal como $(ax + b)^n$ con $n > 1$, está repetido el factor repetido se reescribe como:

$$\frac{P(x)}{(ax + b)^n} = \frac{A_1}{ax + b} + \frac{A_2}{(ax + b)^2} + \frac{A_n}{(ax + b)^n}$$

Caso 3: $Q(x)$ contiene factores cuadráticos irreducibles

El denominador tiene un factor cuadrático irreducible cuando el denominador tiene raíces complejas, es decir cuando $b^2 - 4ac < 0$.

Este factor se reescribe de la siguiente forma:

$$\frac{P(x)}{ax^2 + bx + c} = \frac{A + Bx}{ax^2 + bx + c}$$

Caso 4: $Q(x)$ tiene factores cuadráticos repetidos

Si $Q(x) = (ax^2 + bx + c)^r$, donde el término cuadrático es irreducible, la función racional f se descompone en las siguientes fracciones parciales:

$$f(x) = \frac{P(x)}{Q(x)} = \frac{A_1x + B_1}{ax^2 + bx + c} + \frac{A_2x + B_2}{(ax^2 + bx + c)^2} + \cdots + \frac{A_rx + B_r}{(ax^2 + bx + c)^r}$$

Cada término se integra utilizando la integral para logaritmos, potencias o tangente inverso.

$$\int \frac{1}{ax + b} \, dx = \tfrac{1}{a} \ln |ax + b| + C \qquad \int \frac{1}{(ax + b)^n} \, dx = \frac{1}{a(-n + 1)} \frac{1}{(ax + b)^{n-1}} + C$$

$$\int \frac{1}{u^2 + a^2} \, du = \tfrac{1}{a} \tan^{-1}\left(\frac{u}{a}\right) + C \qquad \int \frac{u}{u^2 + a^2} \, du = \tfrac{1}{2} \ln\left(u^2 + a^2\right) + C$$

D. Apéndice: Funciones Trigonométricas Inversas [5] (1.5)

Función Seno Restringida y Seno Inverso

$$y = \operatorname{sen} x$$

No es una función uno a uno.

lo es si se restringe su dominio a $\left[-\dfrac{\pi}{2}, \dfrac{\pi}{2}\right]$.

Esta función restringida es una función impar.

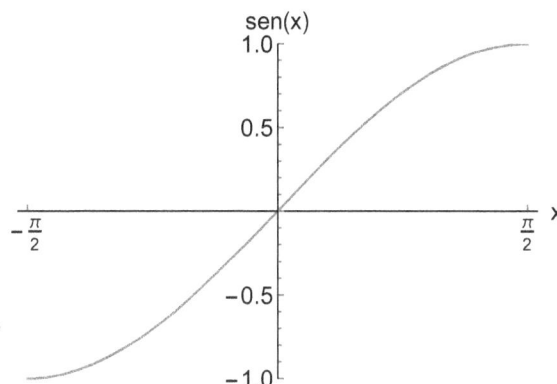

La inversa del seno restringido se conoce como **seno inverso**, denotada como $\operatorname{sen}^{-1} x$ ó $\operatorname{arc\,sen} x$.

$$y = \operatorname{sen}^{-1} x = \arcsin x$$

Dominio: $[-1, 1]$

Rango: $\left[-\dfrac{\pi}{2}, \dfrac{\pi}{2}\right]$

Interceptos en x y y: $(0, 0)$

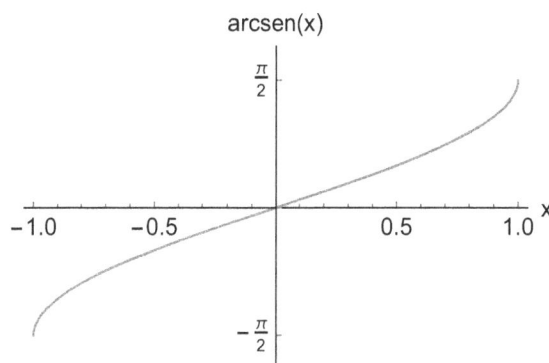

Ecuaciones de Cancelación

$$\sin^{-1}(\sin x) = x \qquad \text{si} \qquad -\dfrac{\pi}{2} \leqslant x \leqslant \dfrac{\pi}{2}$$

$$\sin(\sin^{-1} x) = x \qquad \text{si} \qquad -1 \leqslant x \leqslant 1$$

Función Coseno Restringida y Coseno Inverso

$$y = \sin x$$

No es una función uno a uno.

lo es si se restringe su dominio a $[0,\ \pi)$.

La función coseno restringida
deja de ser una función par.

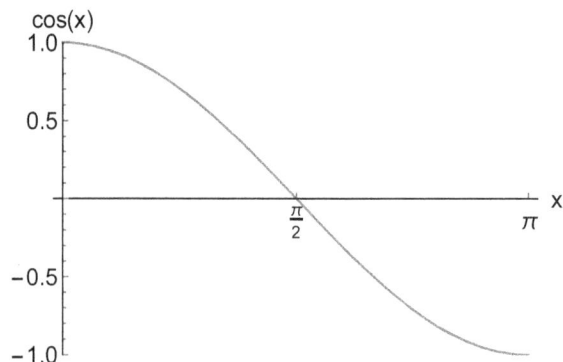

La inversa del coseno restringido se conoce como **coseno inverso** y es denotada como $\cos^{-1} x$ ó $\arccos x$.

$$y \ = \ \cos^{-1} x \ = \ \arc \cos x$$

Dominio: $[-1\ ,1]$
Rango: $[0,\ \pi]$

Interceptos en y: $(0, \pi/2)$
Interceptos en x: $(1, 0)$

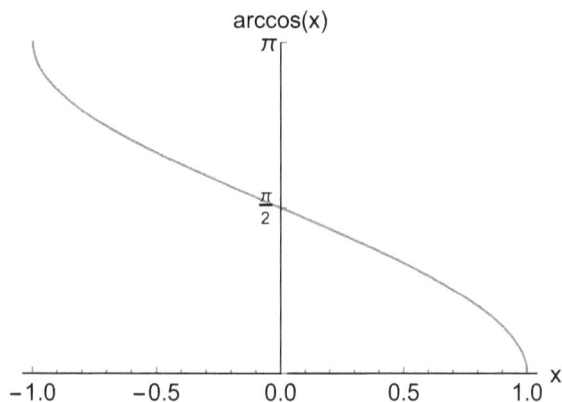

Ecuaciones de Cancelación

$$\cos^{-1}(\cos x) = x \qquad \text{si} \qquad 0 \leqslant x \leqslant \pi$$
$$\cos(\cos^{-1} x) = x \qquad \text{si} \qquad -1 \leqslant x \leqslant 1$$

Función Tangente Restringida y Tangente Inverso

$$y = \tan x = \frac{\sin x}{\cos x}$$

No es una función uno a uno.

lo es si se restringe su dominio a $\left(-\dfrac{\pi}{2}, \dfrac{\pi}{2}\right)$.

Esta función restringida es una función impar.

Además tiene AVs en $x = \pm\dfrac{\pi}{2}$.

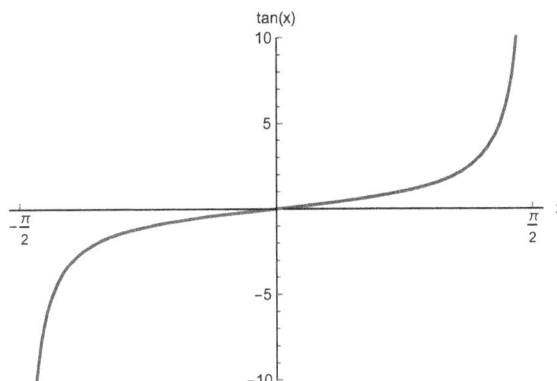

La inversa del tangente restringido se conoce como **tangente inverso**, denotada como $\tan^{-1} x$ ó $\arctan x$.

$$y = \tan^{-1} x = \arctan x$$

Dominio: $\qquad\qquad\qquad \mathbb{R}$

Rango: $\qquad\qquad\qquad \left(-\dfrac{\pi}{2}, \dfrac{\pi}{2}\right)$

Asíntotas Horizontales $\quad y = \pm\dfrac{\pi}{2}$

Interceptos en x y y $\qquad (0,0)$

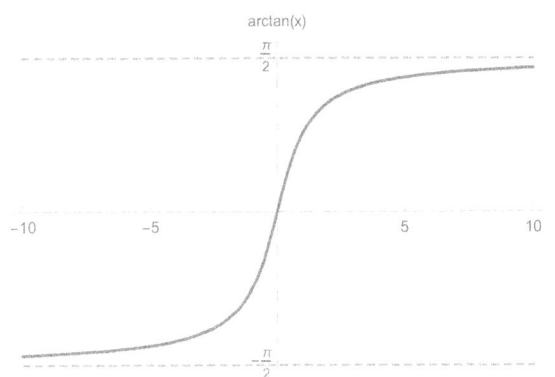

También es un función impar y tiene los siguientes límites infinitos:

$$\lim_{x\to-\infty} \tan^{-1} x = -\frac{\pi}{2}, \qquad \lim_{x\to\infty} \tan^{-1} x = \frac{\pi}{2}.$$

Ambas funciones intercambian sus dominios y sus asíntotas.

Ecuaciones de Cancelación

$$\tan^{-1}(\tan x) = x \qquad\qquad \text{si} \qquad\qquad -\frac{\pi}{2} \leqslant x \leqslant \frac{\pi}{2}$$

$$\tan(\tan^{-1} x) = x$$

Para simplificar expresiones como $\sin(\cos^{-1} x)$ es necesario utilizar trigonometría.

Ejercicio 1: Evalúe las siguientes expresiones.

a. $\cos^{-1}\left(\dfrac{\sqrt{3}}{2}\right) = \dfrac{\pi}{6}$

   Reescriba como $\dfrac{\sqrt{3}}{2} = \cos y$ y   recuerde que $\cos\left(\dfrac{\pi}{6}\right) = \dfrac{\sqrt{3}}{2}$

b. $\arctan(1)$

c. $\cos(\cos^{-1}(0.5))$

Ejercicio 2: Simplifique las siguientes expresiones. Construya un triángulo apropiado.

a. $\cos(\sin^{-1} x)$

b. $\cos(\tan^{-1} x)$

Referencias

[1] COFIÑO, J. L. *Métodos de Integración*. Editorial Arje, Miami, EEUU, 2018.

[2] HAEUSSLER, E., PAUL, R., AND WOOD, R. *Matemáticas para administración y economía*, 13ra ed. Editorial Pearson, México, 2015.

[3] POOLE, D. *Álgebra Lineal, Una introducción moderna*, 2da ed. Editorial Thomson, México, 2007.

[4] RAINVILLE, E., BEDIENT, P., AND BEDIENT, R. *Ecuaciones Diferenciales*, 8va ed. Prentice Hall Hispanoamericana, México, 1998.

[5] STEWART, J. *Cálculo, Trascendentes Tempranas*, 7ma ed. Cengage Learning, México, 2012.

www.ingramcontent.com/pod-product-compliance
Lightning Source LLC
Chambersburg PA
CBHW051412200326
41520CB00023B/7207